U0179280

Discovery journey

发现
之旅

迭山

百年探险

考察录

闫昆龙·编译

读者出版社

图书在版编目（CIP）数据

发现之旅 ：迭山百年探险考察录 / 闫昆龙编译. --
兰州 ：读者出版社，2023.9
　ISBN 978-7-5527-0725-0

Ⅰ．①发… Ⅱ．①闫… Ⅲ．①山脉－探险－甘南藏族
自治州 Ⅳ．①N824.2

中国版本图书馆CIP数据核字（2022）第252130号

发现之旅——迭山百年探险考察录

闫昆龙　编译

责任编辑　王先孟
助理编辑　王宇娇
装帧设计　杨　楠

出版发行　读者出版社
地　　址　兰州市城关区读者大道568号（730030）
邮　　箱　readerpress@163.com
电　　话　0931-2131529（编辑部）　0931-2131507（发行部）

印　　刷　陕西隆昌印刷有限公司
规　　格　开本889毫米×1194毫米　1/32
　　　　　印张11　插页4　字数182千
版　　次　2023年9月第1版
　　　　　2023年9月第1次印刷
书　　号　ISBN 978-7-5527-0725-0
定　　价　88.00元

如发现印装质量问题，影响阅读，请与出版社联系调换。

迭山矗立在甘南的卓尼与迭部县之间，山南边的波涛汹涌的白龙最终汇入长江，山北边的洮河经由黄土地汇入黄河，使迭山成为长江和黄河水系的界山　摄影：扎扎

迭山东侧的峡谷两侧被垂直险峻的灰色石
灰岩峭壁包围着，绿色植物都无立足之地

迭山最重要的地标——九天石门。
上图为洛克 1925 年 7 月拍摄，下图为花间 2023 年 5 月拍摄

序 言

从中华大地西部的昆仑山脉至阿尼玛卿山，再向东至秦岭，又继续向东到大别山及更东面蚌埠一带的张八岭，这条主脊将中国大陆水系彻底隔绝，在框架上构建了中国的北方和南方。迭山恰好在这条主脊的中间位置，也成为长江与黄河两大水系最重要的一段分水岭，特殊的地理位置造就了其独特的自然景观与人文景观。

中国，是世界上生物多样性最丰富的国家。

中国，也是世界上历史与文化沉淀最厚重的国家。

数十亿年，位于东半球的中国大陆板块经历了从海洋之底到世界屋脊的演变。人类诞生后，智人先祖们从非洲进入东亚地区，经历了狩猎采集和农业耕种，经历了气候变化和各种各样的自然灾害。因此，在我们东半球丰富又多样的生态沃土上，孕育出世界上持续时间最长、最有活力的文明——中华文明。迭山就是我们祖国大地上生物多样性极其丰富且鲜为人知的一处神奇宝地。

我在和兰州大学生命科学学院冯虎元教授的交流中，得知有一位炽热探求人文地理奥秘的名叫闫昆龙的年轻人，他一直在关注和研究迭山的生态与人文。在工作之余，他收集、整理国外科学考察团在甘肃甘南以及迭山地区的资料，并利用外语专长，将多年收集的外文资料进行整理和翻译。这项工作，他已经坚持了十多年。

闫昆龙先生从博物学、历史学、民俗学的视角，场景再现般地回放百年前迭山的一幕幕故事，将一株株珍贵的高山植物与一只只珍稀动物，清晰全面地呈现在读者面前，其专业性和生动性让读者爱不释手。特别重要的是，书中有原汁原味的探险家的记录，有当时拍摄的照片，还有近年来拍摄的新照片。从百年前的文字记录、手稿和照片到如今的高清彩色照片，不仅能找出对应区域的山脉、河流，还能观察出当地的生态变化与植被变化。观古今于须臾，抚迭山于一书，这是本书最有价值的地方。

100多年前的青藏高原，在当时的世界探险家眼中是"未知世界"，无论是地质构造，还是动植物研究、气候特征，都不被世人所知。甘南地区位于青藏高原与黄土高原过渡的甘、青、川三省交界地带，气候特征更接近欧洲和美国北部，于是迭山地区成为当时科学家考察的一个重要目的地。国外探险家蜂拥而至，打破了这里几千年来的寂静，开启了中国动植物学研究的新局面。从普尔热瓦尔斯基和波塔宁开始，俄国人开始在中国西北的探险；进入20世纪，以福雷斯特和威尔逊为代表的英国"植物猎人"在中国西南采集植物标本；紧接着，传教士们也从湖北一路来到甘肃南部一带，法瑞尔、波尔登和洛克等"植物猎人"此时也进入甘肃南部。在此之后的几十年时间里，甘南地区以前所未有的热度出现在国际探险交流圈，探险家们的考察报告陆续发表在英国《地理学》、美国《国家地理》等杂志，这里的神秘面纱被逐渐揭开，其神秘的宗教文化、独特的气候和丰富的植被也吸引了一代又一代人深入此地。

闫昆龙先生按探险的时间顺序讲述。从俄国探险家波塔宁开始，第一幕就将神秘的画面展现在读者面前，让读者欲罢不能，急迫地想了解这个地方。接下来通过十一世贝德福德公爵与中国麋鹿的故事，延伸到其资助的东亚动物考察团，我们进入到考察团优秀的团队组织者金顿·沃德的前往西藏的故事当中。随着时间推移，探险家接踵而至，华莱士的亚洲之旅和法瑞尔精彩的探险旅程，佩雷拉和台克曼见到迭山时发出的感叹，美国国家地理学会考察团秦仁昌绘声绘色的报告，探险家洛克与卓尼土司的深厚情谊，都使得读者和迭山草木产生强烈共鸣。最后，通过瑞典两代学人与迭山的情缘，让我们意识到这个如今仍然偏远又神秘山峦，竟然在一个世纪前与世界的联系得如此紧密！

书中描述的很多细节都非常有趣，比如达尔文关于桃子是由杏子演变而来的结论，被从在舟曲发现了野桃的俄国人波塔宁和美国"植物猎人"迈耶两人否定。李旭旦先生在《西北科学考察纪略》中的关于中国国家公园的构想，居然就是在迭山脚下提出来的。中国国家公园的构想如今实现了，迭山就是这个伟大设想的起源。长征中的红军经历炼狱般的磨炼，却在生死存亡之际在迭山受到了卓尼土司的帮助。

保护生物多样性是全人类共同的责任，构建地球生命共同体是人类在发展过程中必须面对的职责。这意味着我们不仅仅要考虑人类，还要考虑整个生物界，以实现人与自然和谐共生。人类的发展离不开自然界、离不开生物多样性的其他组成部分，所以我们要保护整个生命世界，保护生命共同体。位于迭山南坡扎尕那的农林牧复合系统在 2017 年 11 月入选"全球重要农业文化遗产系统名录"，扎尕那在 2018 年被中华人民共和国自然资源部评定为"国家地质公园"。位于长江流域和黄河流域分界线上的迭山，是许多南方植物生长的最北缘，这里聚集了大量特有的珍贵动植物，值得我们去研究。

闫昆龙先生并不是植物学、动物学方面的专家，可能会在专业的学科表述方面有所欠缺。但在我看来，他带我们回顾了百年前的迭山探险之旅，这项工作本身就是百年迭山探索的延续，是今天生物多样性保护的重要举措。同时，他将历史资料特别是将国外相关资料进行全面梳理、研究和整合，这种坚持不懈的精神令人敬佩。

屈原在《涉江》中道："登昆仑兮食玉英，与天地兮同寿，与日月兮同光。"让我们与此书相伴，探究迭山的天地日月之光。希望此书在保护生物多样性和对迭山文旅的推介方面能有所建树。

马克平

2023 年 6 月 24 日

马克平，中国科学院植物研究所研究员，中国科学院大学教授、博士生导师。现任世界自然保护联盟（IUCN）理事和亚洲区会员委员会主席、Species 2000 国际项目董事会成员、亚洲和西太平洋地区生物多样性（DIWPA）委员会执行委员、中国科学院生物多样性委员会副主任兼秘书长、《生物多样性》主编、《中国科学：生命科学》副主编、《广西植物》名誉主编、《林业资源管理》副主编、National Science Review、Forest Ecosystems 和《植物生态学报》等编委。

目 录

01　　**引言**　　喧宾夺主的"岷山北岭"

14　　**第一章**　　悬崖峭壁、山涧瀑布与棕榈树
　　　　　　　　　　——波塔宁的迭山开拓之旅

26　　**第二章**　　寺庙与雪山、村落与梯田
　　　　　　　　　　——金顿·沃德的人生之路在此转折

44　　**第三章**　　迭山腹地,荒野中的追逐
　　　　　　　　　　——弗兰克·华莱士与朋友们的山间情谊

66　　**第四章**　　梦中的乐园,心中的羁绊
　　　　　　　　　　——雷吉纳德·法瑞尔的迭山情缘

168　　**第五章**　　隔绝南北的天堑,这里来了外国人
　　　　　　　　　　——台克曼心中的天堑,佩雷拉的松潘北上之路

178　　**第六章**　　野性与壮丽，无与伦比的风光

　　　　　　　　　　——秦仁昌与吴立森的国家地理学会联合考察团迭

　　　　　　　　　　山之旅

204　　**第七章**　　雪山、寺院与酥油花，森林、峡谷与绿绒蒿

　　　　　　　　　　——约瑟夫·洛克的香格里拉

288　　**第八章**　　60 年峰回路转

　　　　　　　　　　——哈默尔与魏浩康的隔时空相遇

295　　**尾声**　　后猎人时代

·附录 ┃ 317　　·参考文献 ┃ 328　　·后记 ┃ 331

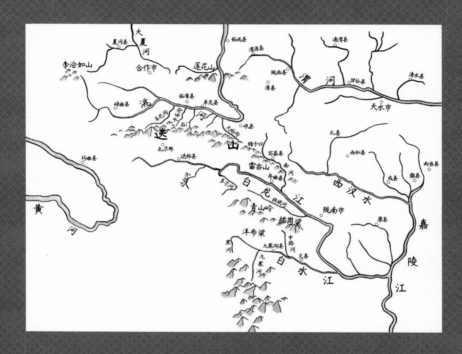

迭山及周边地区的河流与山脉

喧宾夺主的
"岷山北岭"

"一"字排开的
迭山与蝴蝶形状
的岷山
制图: 张超龙

在中国的西南与西北的过渡地带甘、青、川三省交界处,有两处显著的自然单元: 南侧的白色蝴蝶形区域是岷山的主体, 蝴蝶的头部和尾部有两个豁口, 九寨沟和黄龙这两处"世界自然遗产"正好嵌入豁口中, 它们几乎首尾相连, 直线距离不足 30 公里。在极小地理区域内出现两大"世界自然遗产"隔山而望的现象是极为罕见的, 堪称奇观。

地图北部也有一处自西北向东南的呈"一"字形

的白色山体，雄宏而陡峭的山脊在数公里范围内阻断了大陆南北，构建起这个区域极其明显的三大地貌：自北向南分别是洮河峡谷、迭山山脉和白龙江峡谷。位于中间地带的迭山山脉既是白龙江和洮河的分水岭，又是长江与黄河两大水系的一段分水岭。

迭山西靠昆仑山脉阿尼玛卿山，东接秦岭山脉，南依横断山脉，是连接中国大地框架山系的枢纽之一。这里既是青藏高原的东部边缘，又是黄土高原的最南区域。向北望去，是绵延不绝的草原与丘陵，再向北是厚重的黄土高原；南方更远处是绵延的石灰岩山脉与森林，越过山脉与森林就是富庶的成都平原。在这里，原始森林并没有因为人类文明的发展而遭到显著的破坏；在这里，原始森林为野生动物提供了广阔的生

向北望去，是绵延不绝的草原与丘陵，再向北是厚重的黄土高原；南方更远处是绵延的石灰岩山脉与森林，越过山脉与森林就是富庶的成都平原

摄影：秦同辉

存空间，保护了生物多样性，保持了生态平衡。

英国植物学家雷吉纳多·法瑞尔（Reginald Farrer）[1]在《地理学》杂志的报告会上毫不掩饰地表达了对这片区域的喜爱，他认为："在那里可能有不逊色于云南、四川高山植物的高山植物区系，相比中国的南方山系，这些植物可能更适合我们那里（欧

---

[1]雷吉纳德·法瑞尔（Reginald Farrer, 1880—1920），英国作家、园艺家、"植物猎人"与探险家，被称为英国"岩石花园之父"。他走遍欧洲阿尔卑斯山区，并且两次到中国进行探险和植物采集活动，为欧洲成功引进了三便士玫瑰（Rose farreri）、互叶醉鱼草（Buddleja alternifolia）、狭苞紫菀（Aster farreri）、香荚蒾（Viburnum farreri）以及多种报春花，是近代以来对欧洲园艺界影响最大的植物学家。其作品主要有《我的岩石花园》《在世界屋脊下》与《彩虹桥》等。

洲西北部）的寒冷气候。”

这条山脉横亘在甘肃、四川之间的高原上，阻挡着来自西北的干燥气流，保护着南边肥沃的"天府之国"。如果在迭山从北向南画一条直线，可在不到 100 公里的范围内看到植被由稀疏向密集的过渡。

河流源头一般位于偏远地带，生活在平原地带的古人很难到达江河源头，处于高原地带的迭山很少有人知晓。历史资料表明，这片广阔的山域被笼统地称为岷山，这也是迭山之北的县城被称为岷县的原因。

中国古人关于山岳的记叙很多，而岷山是最早记载于典籍中的山脉。《尚书·禹贡》载："岷山导江，东别为沱。"《山海经·中山经》载："又东北三百里，曰岷山。江水出焉。"《水经注》载："岷山，即渎山也，水曰渎水矣；又谓之汶阜山，在徼外，江水所导也。"

在中国古代，"河"特指黄河，"江"特指长江，几部经典著作都将岷山描述为长江的发源地。在清代纪昀编撰的《河源纪略》中，乾隆皇帝还认为罗布泊和积石山之间有地下"暗河"，而黄河的源头就在昆仑山上。这等于将塔里木河和黄河"贯通"了。

明代徐霞客游历大山大川，以一己之力，靠双脚走遍了大半个中国，他对地理现象的观察和记载较为专业。在《溯江纪源》中，徐霞客实地考察，证实了金沙江乃是长江的正源，改变了长期以来"岷江导江"的学说。

历史在向前发展，但反方向的涟漪也会出现。虽然有徐霞客的实证，明清两代的资料依然无法清晰地表述关于长江源头的地理位置。罗洪先的《广舆图》、黄宗羲的《今水经》、顾祖禹的《读史方舆纪要》与全祖望的《江源辨》等著作均把长江的源头追溯到《尚书·禹贡》中记载的岷山地区。因此，岷山是长江源头，其封神之山的传说几乎贯穿了中国古代史。

在没有现代地图的历史岁月中，对于古人来说，岷山其实是位于中国西南部，介于四川西北部和甘肃西南部的一片原始的广阔区域。

近代以来，中国西部的地理特征才逐步明朗。斯文·赫定（Sven Hedin）[1] 发现了楼兰遗址；地理学家张相文[2] 提出了"秦岭—淮河"线的地理分界线理论；胡焕庸[3] 提出了划分中国人口密度的"黑河—腾冲"线理论；丁文江[4] 等人首次使用分层设色法绘制出含有地形数据的地图，首次直观地标注出了中国大陆的三级阶梯地貌。人们对西部的地理概念也越来越清晰。

在这段时间，探险家们首次将现代化的测绘工具和摄影器材带进了这片神秘区域，中国西部的江河、山岳与花卉植物、飞禽走兽将一起出现在近代出版的书籍中。

在《中国植物采集记》（*Plant-hunting in China*）

---

[1] 斯文·赫定（Sven Hedin，1865—1952），瑞典植物学家，世界著名探险家，著作有《亚洲腹地探险八年》《我的探险生涯》等。

[2] 张相文（1867—1933），字蔚西，别号沌谷，江苏泗阳人，中国地理学家、教育家。著作有《南园丛稿》《地学杂志》《泗阳县志》等。

[3] 胡焕庸（1901—1998），字肖堂，江苏宜兴人，地理学家，人口地理分界线理论的提出者，中国现代人文地理学和自然地理学的重要奠基人。著作有《气候学》《世界海陆演化》等。

[4] 丁文江（1887—1936），江苏泰兴人，地质学家、社会活动家，中国地质事业奠基人。著作有《中国北方之新生界》《中国西南部二叠纪马平灰岩动物群》等。

一书中, E.H.M. 考克斯(Euan Hillhouse Methven Cox)① 总结了近代植物学家们深入雪山和雨林的探险过程。其中在甘南、川北一带考察过的有俄国探险家格雷戈里·尼古拉耶维奇·波塔宁(Grigorij Nikolaevich Potanin)、英国植物学家弗兰克·金顿·沃德(Frank Kingdon Ward)、英国植物学家雷吉纳多·法瑞尔(Reginald Farrer)、美国植物学家弗兰克·尼古拉斯·迈耶(Frank Nicholas Meyer)以及探险家约瑟夫·洛克(Joseph Charles Francis Rock)、斯文·赫定(Sven Hedin)、大卫·哈默尔(David Hummel)等。毫无疑问,这些人都到访了岷山(Min-Shan)②地区。

从这些探险家拍摄的照片以及描述中可以看出,他们探险的区域就是迭山。约瑟夫·洛克甚至专门对岷山作了说明:"中国地理在界定岷山方面相当模糊,其以南的其他山脉也称为岷山,且被认为是甘肃山脉的一部分,这是错误的。因为甘肃岷山的地理界定非常清楚,它的北边是洮河,南边是嘉陵江的一个分支——白龙江。"洛

E.H.M. 考克斯画像

---

① E.H.M. 考克斯(Euan Hillhouse Methven Cox, 1893—1977),苏格兰植物收藏家,植物学家和园艺者,是杜鹃的优秀培植者。他在苏格兰珀斯郡格伦多克的花园里收藏了包括杜鹃在内的大量植物。著作有《中国植物采集记》和《法瑞尔在上缅甸的最后旅程(1919—1920)》。
②这里的岷山就是今日的迭山。

迭山、洮河与白
龙江的位置关系
制图：张超龙

克与中国山脉的故事可以讲述很多，比如他认为阿尼玛卿山和贡嘎山的高度都超过了珠峰，后来的实地测绘结论否定了他的观点，但他在中国西部的故事成就了他的传奇。

另外，在民国时期的邮政交通体系中也可以捕捉到"岷山"的踪迹。在 100 年前，探险家洛克将在迭山采集的植物标本，甚至几十箱的印刷经卷安全邮寄到美国波士顿，无疑是对当时邮政体系的严格考验。民国时期的邮务图标注了"岷山"的范围，其标注的实际位置就是迭山。

民国时期各分省地图（1925 年版和 1933 年版）中分别标注了"岷山山脉"和"岷山"。两版地图均显示岷山位于白龙江以北，洮河以南。这明显是迭山的

位置。

中国新闻事业奠基人范长江在《中国的西北角》中记述：

> 十二日向岷县进发，但见旷野无边，山有脉而平平，绿草青山，平川漫水，未垦之地尚多，行三十里有小山坳，即所谓分水岭。但是这个分水岭的形势，可不单纯了！这里是所谓岷山山脉的正干，是所谓北岭山脉的脊梁，岭以北的水流入黄河，岭以南的水流入长江，我们虽然入了甘肃境，走了将近千里的路程，然而还是在长江流域中，过了这里才是黄河流域。①

由此可见，清末及民国时期所说的迭山其实就是岷山，而且多次出现在了各种考察报告与文学作品中。

毛泽东在长征时期，手中的参考地图必然也用岷山来标注迭山。长征

从岷县铁尺梁附近看到的迭山东部一带的景象 图选自视觉中国[2]

队伍在进入甘肃后,毛泽东作《长征·七律》一诗,"更喜岷山千里雪,三军过后尽开颜"描述了红军队伍历经坎坷翻越了"岷山"、初步取得胜利的喜悦心情。

根据红军长征的路线图和相关记载,红军队伍走出了沼泽、翻越了雪山、穿越了峡谷,在腊子口战役中大获全胜后,抵达了岷县的大拉梁。就是在这里,毛泽东回头看到了"迭山横雪"的景象,写下了"更喜岷山千里雪,三军过后尽开颜"的名句,革命前景一片光明,正好与"更喜岷山千里雪"所表达的喜悦之情相对应。因此,毛泽东的这首诗其实是迭山

①范长江著:《中国的西北角》,北京:新华出版社,1980年,第41页。
②本书未标注来源的图片均选自视觉中国。

的最佳宣传语。

柏林洪堡大学比安卡·何乐文（Bianca Horlemann），对当时来过甘肃一带的科学考察团及传教士进行了研究，但是她的研究区域以民国时期的甘肃为界，主要包括甘肃大部分地区，青海和宁夏，还有内蒙古的部分地区。在搜集相关资料后，综合何乐文的研究成果，现重新整理曾经到达迭山一带的科考团队及科考路线等，如表所示：

迭山一带考察团队及考察路线详览①

考察日期	考察团队	考察路线	著述及文章
1884—1887 年	格雷戈里·尼古拉耶维奇·波塔宁（Grigorij Nikolaevich Potanin），俄罗斯探险家、地理学家 亚历山大·维克托罗夫娜·波塔尼娜（Aleksandra Viktorovna Potanina），俄罗斯民族志学家 斯卡西（Scassi），俄罗斯地貌学家	从北京出发，经山西（五台山）、内蒙古到达甘肃兰州，继续前往青海西宁（塔尔寺），经青海贵德、循化至甘肃夏河（拉卜楞寺）、卓尼、岷县、迭部一带，又向南到达四川松潘、平武，折返经甘肃文县、天水、陇西、临洮、兰州到达西宁（青海湖），再向西北经甘肃张掖、内蒙古到达俄罗斯恰克图	《1884—1886 年波塔宁旅行记》《1887 年波塔宁的中国西北和西藏东部之旅》
1891—1893 年	安妮·罗伊尔·泰勒（Annie Royle Taylor），英国女传教士	从甘肃临潭前往甘肃南部一带，穿过康巴地区后到达拉萨	《在西藏的旅行和探险》

①很多博物学家都前往迭山考察，现根据研究者已经发表的成果，整理了一份标注了考察团的考察日期、考察路线、相关著述的表格。此表格中的相关著述是根据英文原著进行翻译、整理，旨在方便读者阅读。具体资料来源可参见《1884—1886 年波塔宁旅行记》《1887 年波塔宁的中国西北和西藏东部之旅》《在西藏的旅行和探险》《西藏和内蒙古地理考察之旅》《中国西藏东北部地理概况》《在世界屋脊下》《中国禁地：1906—1909 年多隆行记》《通往西藏之路》《北京到拉萨》《在卓尼喇嘛寺院的生活》《迭部人的家园》《白龙江中游人生地理观察》《甘南川北之地形与人生》《甘肃西南之森林》《甘肃西南之畜牧》等著述。

考察日期	考察团队	考察路线	著述及文章
1895—1896 年	夏尔－厄德·保宁(Charles-Eudes Bonin),法国探险家、古生物学家	从云南出发,经四川、甘肃、内蒙古到达北京	《西藏和内蒙古地理考察之旅》
1898—1899 年	朱利叶斯·赫德勒(Julius Holderer),德国探险家 卡尔·约瑟夫·福特尔(Karl Josef X Futterer),德国地质学家	经青海西宁、湟源和甘肃临潭、卓尼后,又折回至青海贵德	《穿越亚洲》 《地质印象》 《中国西藏东北部地理概况》
1906—1909 年	亨利·多隆(Henri d'Ollone),法国探险家	经过云南、四川康巴地区和西藏安多地区,从四川成都、松潘到甘肃夏河(拉卜楞寺)、合作,最终抵达兰州	《中国禁地:1906—1909年多隆行记》
1904—1910 年	马尔科姆·普莱费尔·安德森(Malcolm Playfair Anderson),美国动物学家、探险家 苏柯仁(Arthur de Carle Sowerby),传教士 弗兰克·金顿·沃德(Frank Kingdon Ward),植物学家、作家 亚瑟·克里西·史密斯(Arthur Creasey Smith),医生、传教士	从武汉(汉口)出发,经河南、陕西,到达甘肃南部卓尼及四川一带	《通往西藏之路》

考察日期	考察团队	考察路线	著述及文章
1911—1912 年	哈罗德·弗兰克·华莱士（Harold Frank Wallace），英国律师、高山画家和旅行家 乔治·芬威克·欧文（George Fenwick Owen），动物学家 亚瑟·克里西·史密斯（Arthur Creasey Smith），医生、传教士	从上海经武汉，过河南，经陕西渭南、西安和凤翔到达甘肃甘谷和卓尼一带	《中国中西部的大型野生动物》
1914—1915 年	艾瑞克·台克曼（Eric Teichman），英国领事官	以陕西西安、甘肃兰州为中心向四周行进，考察区域包括陕西、甘肃南部、四川北部、内蒙古西部及宁夏	《领事官在中国西北的旅行》
1914—1915 年	雷吉纳德·法瑞尔（Reginald Farrer），英国探险家、植物学家 威廉·波尔登（William Purdom），英国园艺师	从北京到河南，经陕西西安、凤翔到达甘肃境内，再前往甘肃岷县、临潭、卓尼一带，最终折返至兰州	《在世界屋脊下》《彩虹桥》
1921—1922 年	乔治·爱德华·佩雷拉（George Edward Pereira），英国探险家	从北京到陕西，经汉中到达成都，又经四川西部的康定、丹巴行至松潘、九寨沟一带进入甘肃迭部、岷县、卓尼，后前往兰州，一路向西抵达拉萨	《北京到拉萨》
1922—1923 年	吴立森（Frederick. R. Wulsin） 秦仁昌（R. C. Ching）	从内蒙古包头出发，经阿拉善地区[1]到兰州、西宁（青海湖）、卓尼，后返回兰州，顺黄河漂流到包头	《秦仁昌在中国内蒙古南部和甘肃省所采集的植物》

考察日期	考察团队	考察路线	著述及文章
1925—1927 年	约瑟夫·洛克（Joseph Charles Francis Rock），植物学家、探险家	在甘肃卓尼建立考察基地，探险范围涉及拉卜楞寺、拉加寺、果洛、阿尼玛卿、祁连山等地	《在卓尼喇嘛寺院的生活》《迭部人的家园》与阿诺德植物园萨金特教授的信件
1927—1935 年	李旭旦、任美锷、郝景盛、张松荫	自四川成都出发，经绵阳、江油，溯涪江北上，东折青川，越摩天岭东端以抵甘肃碧口，循白龙江中游，溯岷江而北，到达洮西草地，西达拉卜楞寺，沿大夏河东下，止于兰州	《白龙江中游人生地理观察》《甘南川北之地形与人生》《甘肃西南之森林》《甘肃西南之畜牧》

不论如何，在植物学家辈出的时代，迭山以岷山为名，走向了世界。当我们回顾那段历史，总能在不经意间看到植物学家们对迭山的眷恋，他们的故事，就从这里说起。

---

①阿拉善盟为内蒙古自治区所辖盟。本书中均表述为阿拉善地区。

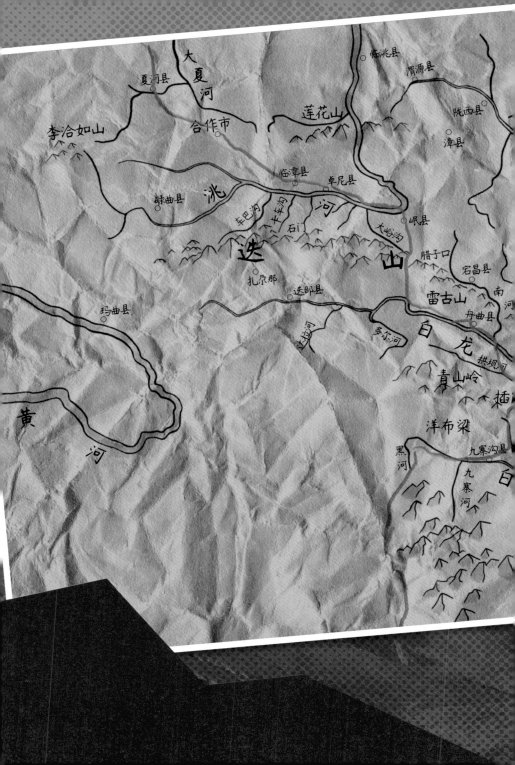

第 1 章

悬崖峭壁、山涧瀑布与棕榈树

波塔宁的迭山开拓之旅

波塔宁（Potanin），俄国 19 世纪末至 20 世纪初最重要的亚洲考察组织者之一

　　19 世纪的地理探索与发现在如火如荼地进行着,中国大地是热门的探险地。普尔热瓦尔斯基(Przhevalsky)[1]从 19 世纪 70 年代开始,就游走在中国青海、新疆和西藏,斯文·赫定和波塔宁也在这段时间来到中国,开始了他们的探险与发现之旅。

　　波塔宁是俄国探险家、地理学家,他于 1884 年从北京出发,经过山西五台山,过黄河,穿过内蒙古鄂尔多斯来到甘肃兰州,再向西到达青海西宁,往南经青海贵德和循化、甘肃甘南,翻越迭山,一路行至四川

①普尔热瓦尔斯基(Przhevalsky, 1839—1888),全名为尼科莱·米哈伊洛维奇·普尔热瓦尔斯基(Nikolay Mikhaylovich Przhevalsky),俄罗斯 19 世纪最著名的探险家和旅行家。

迭山北侧的安子库牧场一带断裂带岩石与冰川遗迹风光。远处的锯齿山墙就是迭山主脉的部分山峰
摄影: 秦同辉

松潘。由于队伍补给不足,到达松潘后探险活动被迫终止。

《1887年波塔宁的中国西北和西藏东部之旅》刊登于《皇家地理学会学报》(1887年第9卷),文中记述了波塔宁的探险经历,其中他在迭山一带的行程记录让人耳目一新。这是近代探险家第一次翔实地描述深入迭山地区的探险、考察活动。其考察路线大致如下:

北京—五台山—呼和浩特—鄂尔多斯—兰州—

岷州和松潘之间的属地像山脉和深谷组成的迷宫。站在最高的山顶，也无法一览全貌

西宁（塔尔寺）—贵德—拉卜楞寺—卓尼—岷县—迭山—松潘—平武—文县—天水—陇西—临洮—兰州—西宁（青海湖）—大通河—祁连山—张掖—内蒙古

波塔宁在文中这样写道：

从岷州①开始，探险队开始向南前行，由于补给不足，探险队在抵达松潘后受阻。岷州和松潘之间的属地像是山脉和深谷组成的迷宫。那里的风景，即使站在最高的山顶，也无法一览全貌，甚至很难辨析山脊和山谷的走向。

这种地形相当别致，众多的山涧、溪流、瀑布群及天然阶梯构成了迷人的自然景观。这里的道路十分艰险，栈道悬挂在岩石峭壁上或切入岩壁，只有驮队才能通过。这片区域树林茂密，溪水淙淙，骡子走在摇摇晃晃的吊桥上，山石不断滑落，这时刻提醒着旅行者已经进入了核心区域。

雨季，土壤和空气中积攒了大量水分。这里植物种类丰富，植被覆盖率较高，高山上密布针叶林，山下是落叶乔木和灌木丛。我们在这里发现了三种槭树属树种：绿黄色枫树、赤褐色枫树，还有一种叶子多刺的像橡树一样的冬青属植物，其果枝好像一串铜钱，在当地被称为"摇钱树"。

灌木丛中有高茎的竹子和几种亚热带蕨类植物。更深的山谷中种植着玉米，村庄周围有柿子树，还有皂角树、清漆树、棕榈属树种和芭蕉树②。落叶林生长在海拔2700多英尺③的山坡上部，周围点缀着两三种杜鹃花，其中一种呈树状生长，树干直径约有20厘米。在高山地区，

红果冬青
（*Ilex corallina*）

我们看到了四种绿绒蒿，一种黄色的，两种蓝色的，还有一种红色的。

　　波塔宁在此次考察和旅行途中结识了当时的拉卜楞寺活佛和第十八代卓尼土司杨作霖，开明的卓尼土司家族与外部世界的交往自此展开。在此后的几十年间，热情好客的第十九代卓尼土司、杨作霖的侄孙杨积庆成为甘南一带与外部世界沟通的纽带，他的名字多次出现在国外各种考察报告和日志中，成为近代

波塔宁在考察途中见到的黄色绿绒蒿是全缘叶绿绒蒿
（*Meconopsis integrifolia*）

左页图:
波塔宁在考察途中见到的蓝色绿绒蒿是总状绿绒蒿
（*M.racemose*）

右图:
波塔宁在考察途中见到的红色绿绒蒿是红花绿绒蒿
（*M.punicea*）

中国在国际上最被熟知的土司。

    E.H.M. 考克斯在《中国植物采集记》一书中记述波塔宁考察了洛克到达的迭部，他和30年之后的法瑞尔一样在舟曲建立了考察大本营，也去了插岗岭和青山梁附近的区域。

    后期很多考察团非常重视波塔宁考察过的路线，对其描述的沿途所见的神秘森林和高山峡谷十分向往。

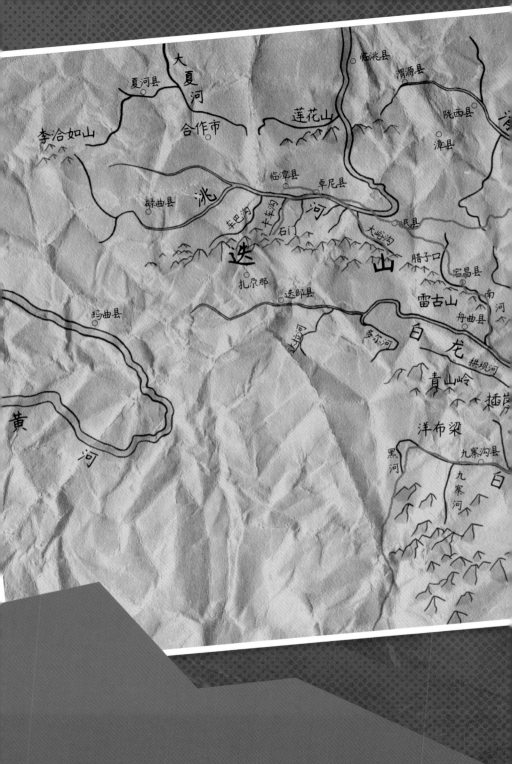

通渭县

清水县

河

甘谷县

天水市

礼县

西和县

两当县

成县 徽县

西 汉 水

陇南市

康县

嘉

陵

江 江

第 **2** 章

Kingdon Ward

寺庙与雪山、村落与梯田

金顿·沃德的
人生之路在此转折

弗兰克·金顿·沃德
（Frank Kingdon Ward）
著名的"植物猎人"
植物收藏家

　　时光缓慢流逝。1909 年，旅美华侨冯如设计、制造了中国第一架飞机，詹天佑主持修建的京张铁路正式通车，清朝在风雨中摇摇欲坠。

　　英国的第十一代贝德福德公爵赫布兰德·阿瑟·罗素（Herbrand Arthur Russell）①在中国非常知名。清朝末年，他抢救了中国在战乱中濒临灭绝的麋鹿种群，并在多年后将逐渐壮大的麋鹿种群送归中国。

　　贝德福德公爵赫布兰德·阿瑟·罗素是位热爱自然的贵族，同时也是位动物学家。他发起并赞助了伦敦动物协会组织的贝德福德公爵动物探险活动。此次探险考察活动主要集中在朝鲜、日本和中国。

　　同一时期，美国克拉克探险队在陕西、甘肃一带活动，但由于测量员意外死亡，探险活动被迫叫停。

　　贝德福德公爵东亚动物探险队的队长是动物学家马尔科姆·安德森（Malcolm Playfair Anderson）②，他通过传教士苏柯仁（Arthur de Carle Sowerby）③的推介，招募了在中国陕西和山西有过传教经历且懂汉语的亚瑟·克里西·史密斯医生（Arthur Creasey Smith）④。

　　史密斯多年在陕西从事传教工作，懂医学，会说流利的汉语，还参与了贝德福德东亚探险队和乔治·芬威克·欧文（George Fenwick Owen）⑤与哈罗德·弗兰克·华莱士（Harold Frank Wallace）⑥的探险队伍，是不可多得的探险队员。

　　史密斯除了这两次直接参与的探险活动，还是本书中提到的多位探险家的共同好友。

　　史密斯在 1901 年就认识了佩雷拉，而后史密斯与欧文、华莱士在甘肃南部一同考察。史密斯于 1911 年在新疆再次遇见了佩雷拉，十多年后，佩雷拉在不经意间充当了洛克甘青之行的引路人。

左图: 第十一代贝德福德公爵赫布兰德·阿瑟·罗素(Herbrand Arthur Russell)

右图: 马尔科姆·安德森(Malcolm Playfair Anderson)

①赫布兰德·阿瑟·罗素(Herbrand Arthur Russell, 1858—1940), 英国皇家学会会员, 动物学家, 通过其资助开展了大量动物学研究, 在促进动物学知识普及, 特别是哺乳动物、鸟类和鱼类的习性、繁殖和适应方面有很大的贡献。他还抢救了中国在战乱中濒临灭绝的麋鹿种群。

②马尔科姆·安德森(Malcolm Playfair Anderson, 1879—1919), 贝德福德公爵东亚动物探险队的队长, 美国动物学家, 库珀鸟类学会会员。从15岁开始参加各种考察活动, 其博物学田野记录尤为引人注目。

③苏柯仁(Arthur de Carle Sowerby, 1885—1954), 英国博物学家, 1905年到达中国。

④亚瑟·克里西·史密斯(Arthur Creasey Smith, 1873—1929), 英国传教士、医生、翻译, 其人生极具传奇色彩, 他以传教士、医生、船员大夫、信息顾问等身份, 辗转于英国、法国、加拿大、中国与新西兰等国。他在传教过程中认识了佩雷拉, 在考察队伍中结识了贝德福德公爵东亚动物探险队的队友, 还与欧文、华莱士重访迷山。

⑤乔治·芬威克·欧文(George Fenwick Owen), 英国动物学家。

⑥哈罗德·弗兰克·华莱士(Harold Frank Wallace, 1881—1962), 画家、律师、旅行作家, 他擅长跟踪、描摹马鹿, 因其高山绘画的成就和中国中西部之旅而备受关注。

　　马尔科姆·安德森还招募了当时怀揣探险梦想的弗兰克·金顿·沃德（Frank Kingdon Ward）[①]，后来金顿·沃德成了该探险队的骨干。金顿·沃德因在四川、云南的采集活动被誉为最杰出的"植物猎人"，而且他也是第一个发现"三江并流"现象的人。

　　金顿·沃德将此次东亚探险经历写在《通往西藏之路》一书中，他从汉口出发，沿汉江航行至河南，向西经过陕西、甘肃，南下四川，再向东前行，最终到达上海。其具体路线如下：

　　武汉（汉口）—沙洋—襄阳—老河口—丹江口—紫荆关—丹凤—洛南—华阴—临潼—西安—周至—太白山—汉中—勉县—略阳—礼县—岷县—临潭—卓尼—岷县—武都—碧口—松潘—绵阳—都江堰—成都—雅安—泸定—康定—峨眉山—泸州—重庆—夔州—武汉—安庆—芜湖—上海

　　本书相当精彩地描述了他在迭山地区的采集活动。

　　　　在这里（迭山周围）停留的一个月，我们在洮河流域和高原地界进行了两次考察。

　　　　从地理位置上看，它显然是安多藏族地区的一部分。洮河一路向西，是卓尼与洮州[②]的天然分界线，洮州以北就是广袤的高山草甸区。

　　　　穿过洮河，我们来到了卓尼以南约 30 英里外的一个小村庄，村庄

[①]弗兰克·金顿·沃德（Frank Kingdon Ward, 1885—1958），著名的"植物猎人"、植物收藏家，其著作有《通往西藏之路》《神秘的滇藏河流》等。
[②]今甘肃临潭县。

上图:
佩雷拉与史密斯
的合照。(后排左
二佩雷拉,右三
史密斯)

下图:
亚瑟·克里西·史
密斯(Arthur C-
reasey Smith)

卓尼和临潭以北的广袤高山草甸　摄影：秦同辉

位于山谷的入口，正对着迭部。向洮州南方前行经过宏伟的岷山北岭，8天内就能到达四川松潘。

在这样险峻的地区前行，骡子没办法驮着补给物资，必须雇用行动缓慢的牦牛驮队。从洮州上方可以欣赏到岷山山脉的绝美风光，可以清楚地看到 50 英里外的石门。这是一种奇特的景象：50 英里外的石门像山脉上的巨大剑痕，一块楔形的岩石被劈开，深度足足有几千英尺，狭窄的小路两侧是巨大的山墙，任何角度看去都非常陡峭，山体坡度几乎都超过了 60 度。

真正身临其境，就不会感觉它是一个石头门了，因为两侧的悬崖相距 10—12 英里，就像绘画中的透视理论。如果在洮州上方观测，是绝对看不到这种奇观的。岷山陡峭而崎岖，海拔大概在 18000—20000 英尺之间，巨大的裸岩和山谷暴露于常年不化的积雪中，我们所见的风景十分壮丽。

我们驻足的这个村庄坐落于海拔 11000 英尺的地方，只有少数几个房子的屋顶是平的。在得知我们来访的目的后，一位友善的村民立刻为我们安排了他家最好的房间（碰巧是厨房）。于是我们在地板上扎起了营帐，非常舒服。

经过我们的观察，当地人对所有与我们有关的事情都漠不关心，对我们来说这是一种极大的解脱。古老的瓷碗和抛光的黄铜器皿整齐地摆放在碗柜上，使得厨房优雅又别致。女主人每天早上在房间里打扫卫生，让人觉得非常愉悦。这家的厨房里有一个长长的泥灶，灶的一头嵌着一个巨大的铜钱，还有一个低炕，这就是房间的全部陈设。此外，男主人有一套严格的规矩，他不允许我们在房子里吹口哨，认为这样会招致灾难。

这个村庄总共不足 50 人，大多数是猎人、樵夫和牧民。他们生性安逸，过着自给自足的生活。这里可以买到优质的鲜奶，这在当时是奢侈品。

藏族男人通常英俊、高大，即使他们是平和的村民，脸上的皱纹也给人一种冷峻之感，这说明藏族是一个坚毅的民族。藏族女性很清秀，特别是年轻的藏族女性，身材结实，举止轻快又不受约束，但是艰苦的生活和严酷的气候又使她们满脸沧桑。

金顿·沃德和当地人的交流较少，他没有明确记述这个村落的名称，书中也没有附注地图及照片。根据他对周围环境的描述，这个地方应该是卓尼县喀尔钦镇的卡车牙日。这是从卓尼县城出发、经过卡车沟前往迭山时经过的最后一个村落，是通过迭山石门进入迭部的必经之路。

四周山峦叠起，郁郁葱葱的山坡上布满了银杉和云杉，成片的柳树挺立着，在阳光下闪烁着红紫色的光辉，与橄榄绿色的树林交相辉映。

清晨，树木顶端压着新积的晶莹剔透的雪花，在晨曦中闪烁着迷人的光芒——和 1000 棵圣诞

树一样耀眼。在其身后，巨大的黄色石灰石山峰在阳光下闪烁着光芒，苍翠树林覆盖了整个山顶。在陡峭的山顶，雄鹰在积雪中筑巢，这些巢穴在山壑间的疾风中来回摆动。

山谷深处，溪流击打着巨石，像美妙的吟唱声，在大树遮顶的峡谷里飞舞，堤岸上是晶莹剔透的冰凌，宛如雪国精灵施的魔咒。

有一处地方，光秃秃的柱状山体坚不可摧的城垛直冲云霄，甚至连雪花都找不到栖身之处。在另一处，厚厚的雪盖在松树遍布的山坡上，一层层、一片片的山坡形成绿色屏障，几乎看不到远处的溪流。

在世界任何地方都不会像在中国这样，寺庙建在孤山上，与世隔绝的山谷中坐落着炊烟袅袅的村庄，陡峭的山坡上遍布着梯田。只有在这里，会看到转经筒在默默地转动。树上的叶子还没有绿，也没有含苞待放的花朵，尽管已是四月。这里阳光明媚，天气晴朗，小鸟在矮树林里欢唱。

远处的森林之上是遍布杂草的丘陵，成千上万的花朵残枝正在深雪中蓄力。而我们所处的位置，海拔约 15000 英尺。

在荒野中，我们遇见了一些在绝壁上活动的岩羊，它们喜欢栖息在陡峭的岩石上，即使有人在眼

左页图：
巨大的裸岩和山谷形成的石门

高原绝壁上的精灵——岩羊（*Pseudois nayaur*）

前, 它们还是轻蔑地环顾四周。

　　这种体验无比奇妙。因为这里空气稀薄, 人在呼吸时像漏气的气缸, 走不到 100 米, 就得坐下来大口喘气。我们的膝盖深陷积雪中, 汗水从脸上流下, 脚太冷, 已经感觉不到任何疼痛, 只有一种麻木感。我们躺下休息, 仰望天空, 又看到几只岩羊。有一次, 我们确实看到了一大群岩羊, 它们和我们离着几英里远。

　　离开村子后, 我们来到一处较低的山谷, 在一个废弃的小屋里住了几个晚上。小屋用粗糙的原木建造, 屋顶是桦树皮, 靠近马鹿出没

寺庙建在孤山上，与世隔绝的山谷中坐落着炊烟袅袅的村庄，陡峭山坡上遍布着梯田

的地方。我们看到了很多健壮的马鹿。它们野性十足，警惕性高，只有经验丰富的猎人才能捕获它们。当地海拔相当高，我们能露营就已经很知足了。外面还在下雪，夜晚比我们预期的要暖和。由于食物补给不足，我们不得不回到了卓尼。

这次的采集活动改变了金顿·沃德的人生。出发之前他是一位平凡的教师，归来后他迷上了中国西部的荒原、雪山、森林和河流。从此以后，世界上少了一位教师，却多了一位著名的"植物猎人"。

数年之后，在没有现代化测绘工具的情况下，金顿·沃德靠着直觉和观察，在中国横断山脉地区发现了三条大江并流而不交汇的现象。2003 年 7 月，根据世界自然遗产评选标准，"三江并流"现象被联合国教科文组织列入"世界遗产名录"。

在后续的探险与考察中，金顿·沃德深入高原和峡谷，陆续发现了 100 余种杜鹃属植物。英国皇家园艺学会授予他"维多利亚勋章"，美国麻省园艺学会授予他"乔治白金勋章"。这些成就，都始于此次东亚探险考察之旅。

巨大的石灰石山峰与苍翠的森林

通渭县

甘谷县

清水县

天水市

礼县

西和县

成县　徽县　两当县

西汉水

陇南市　　康县

嘉

陵

江　　江

第 3 章

Frank Wallace

迭山腹地，荒野中的追逐

弗兰克·华莱士 与朋友们的山间情谊

哈罗德·弗兰克·华莱士
（Harold Frank Wallace）
画家、旅行作家

1911 年春天，欧文邀请华莱士前往中国西部。他们计划从上海经水路到武汉，再到河南、陕西、甘肃，从四川返程；但受战乱影响，他们在迭山一带采集后北上兰州，经河西走廊，最终抵达俄国鄂木斯克。

到达中国上海后，两位探险家拜访了史密斯医生，并邀请曾经游走于陕西、甘肃一带的他加入探险队伍，史密斯欣然同意。

华莱士在《中国中西部的大型野生动物》(*The Big Game of Central and Western China*)中，用插画及优美的文字，叙述了他与欧文、史密斯及向导老魏在迭山的探险经历。

当你来到卓尼——两棵油松的地方，在途经洮州城几里路的一个关卡处，可以看到雄伟壮阔的岷山山脉，起伏的山脉和山谷里遍布着广袤的桦树和杉树。从关卡的高处往下看，狭窄谷地被碧草覆盖着，这里就是卓尼。让人不由赋诗一首：

从山上俯瞰希望的土地

傍晚时分

我们逗留在一条闪闪发光的新月形河流中

飘逸的乡村小镇

我们在卓尼待了一周，进行休整。清晨醒来，薄雾在山腰缠绕，这是天气转晴的征兆。

小镇南墙流过的是洮河，它成了两个完全不同村落的分界线——之前我们常见并且已经习惯了的是此起彼伏的泥土山，几乎没有一棵

百年前拍摄的甘
肃最南端的"岷
山山脉"

树，河流的另一边却是树林遍布的山坡。

　　成群的牦牛在山上吃草。向南望去，是一条又一条的山脊，树木苍翠而茂密。再往南边，迭部肯定也被绿色的山脉环绕着。

　　这里山上的树木全部生长在北部阴坡上，在强烈阳光直射的南坡上，树木反而很少。冷杉沿着山脊向顶部延伸，勾勒出山的轮廓，野山羊、岩羊、鬣羚、斑羚、马鹿、野猪、麝、狍、熊、豹以及很多梅花鹿生活在这片森林中。

　　9月11日，我们离开卓尼，经过10个小时的长途跋涉，跨过一条典型的藏式桥，从河岸南岸的

山谷行进，最终到达了一个叫作阿角的村落。

根据华莱士的描述，这条线路是从卓尼沿洮河向东行走，在木耳镇折向南方，沿大峪沟进入阿角村的道路。这条道路前半段较为平坦，继续向南的山路较为艰险。目前这片区域被开发成了大峪沟景区，文中描述的路线与如今大峪沟的交通路线大概一致。

清冷的秋天的树林是墨绿色的，各种各样的野果是暗红色的。我们翻越山脊进入了一个南北延伸的大山谷，并一直向东南方向行进。卓尼县的海拔有 8000 英尺，而此处的海拔有 9700 英尺，非常凉爽。

我们在美丽的树林里享用午餐，不远处的水力转经轮勤奋地旋转着。俊秀的山林是经历了山火和山洪后形成的，站在高处，我们能看到技法娴熟的伐木工敏捷地处理着木材。

树林里到处是沼泽、柳树、冷杉和岩石。据说这条山谷是马鹿栖息的好地方。这般美景使我想起了日本、瑞士和美国的山林景色。诚然，所有的高山美景都能令旅行者回忆起数千英里之外的美景。

沿着阿角村往前走，我们穿过一大片金色的玉米田。在中国旅行，能看到连绵不绝的耕地，令人诧

左页图：
华莱士画的高山上的岩羊
（Pseudois na-yaur）

异。

我们在阿角村停留了一周，主要目的是观察几种山羊，这就需要我们爬上海拔 11000—12000 英尺的陡崖。根据测算，更南边的石峰区域海拔肯定高于 15000 英尺。

我遇见了一些禽类，当地人叫"雪鸡"，它们跟母松鸡差不多大，在石头山上边跑边发出叽叽喳喳的声音。

虽然经常遇到坏天气，但有两天让我记忆犹新。我记得其中一天阳光明媚，我和向导老魏躺在山顶上，灰色岩石山崎岖险峻，天空像一块凝固的蓝宝石；一些不规则的石壁上长满了草，点缀着杜鹃花，而低处松散分布的松树更是突出了艰险的自然环境。山石在促狭的缝隙中

左页图：
沼泽、柳树、冷杉
与岩石构成的优
美的阿角沟景色，
这里是马鹿的绝
佳栖息地

———

右图：
健壮的雄鹿
（*Cerves can-
adensis*）

无情滑落，滚落在下方的高山草地上，直至树林。

　　金色的秋天，闪着光亮，冷杉中穿插着桦树、柳树和白杨。山脊和山谷交错排布，清澈见底的溪水缓缓流淌。朝北的山坡以及山脊上树林遍布，而南部的山坡则被杂草覆盖，露出的岩石像灰色的直插天空的巨型剑刃。在这几千英尺高的宏伟的山峰中，还穿插一些如尖刃般的山脊，连空气都无法通过。

　　大多数情况下，天气是宁静祥和的，但有时肆虐的狂风从山顶呼啸而过，像一个突然放假去狂欢的男孩子。从山坡上就能看到它从远处袭来，因为金黄的草丛早已被压弯，晃动的草丛如同波浪。随即而来的是阵阵微风，如低语般轻柔，忽而又风声雷动，它在树林里呼呼作响，最后奔跑着、咆哮着，从我们身边冲向谷底。

最终，在温暖的阳光下，一切都恢复平静。蜜蜂嗡嗡浅唱，蝴蝶从冰封的积雪中跑了出来，飞舞跳跃，让人误以为寒冬即将过去，春天即将到来。

有时候突然能看到飘着的蓟花绒毛，在天空徘徊又消失在远处，像白色精灵一样在碧蓝的天空中舞动。我置身此中，看着大雪覆盖在寂静无声的山峰峭壁上，看着蝴蝶、狂风和蓟草丛，感觉像是上帝站在奥林匹斯山上审视万物。

躺在我们临时住所上方 3000 英尺的地方，我看着灰色的巨大岩石山和枯萎的老松树，心情非常愉悦。有人说过，松树是上帝的馈赠——众多树木在秋日结出硕果后衰落，而它却四季常青！

有时候我看见土拨鼠骄傲地站起来，它们好像在为新造的窝而欢呼。老魏也被这群小精灵的滑稽动作逗乐了，笑得像个孩子。而我，享受着这人间九月天。

不一会儿，在清晨的阳光中，我们看到一只公羊和一小群母羊，它们也看到了我们。随后，它们消失在我们的视野中。

我们将营地扎在靠近通向大山的小路上，偶尔能看到迭部人牵着牦牛从我们身边经过。看到巨大的牲畜满载货物，缓缓走过，真是奇特！阿角村附近暴发牛瘟，村民们只好将大量牲畜驱赶到我们营地后面的山上，以防染病。

土拨鼠（*Marm-ota marmota*）骄傲地站起来，好像在为新造的窝欢呼雀跃

几位喇嘛来到我们的帐篷里做客，他们是有趣的客人。这些喇嘛刚完成了喇嘛寺庙的朝圣之旅，正朝着四川松潘前进。他们来到我们的营地，希望我们给一些米饭和土豆。我们支援后，他们竖起了大拇指，鞠躬致谢。其中一位地位较高的喇嘛表演了一段舞蹈，对我们馈赠的食物表示感谢。他戴了一个面罩，露出两个眼睛，面罩上画着一对小巧的八字胡须，一边黑，一边白，稀薄的胡子后面有一簇红黄色飘带。

有时候，会有采药人路过营地，往山那边走去，

寂静无声的山峰被大雪覆盖着

寻找大黄。通常，岷州的药商会雇佣当地人上山采药。

当晚，我们正要返回，却遇上了一场暴雨。冰雹打在帐篷上，令人害怕，尽管我们距离彼此只有几英尺，却听不到彼此的声音。几位男士发现了一些闪烁着耀眼的光芒的木头。第二天早上，我们听说厨师半夜说梦话，又突然惊醒，他看到了闪闪发光的磷火，非常害怕。厨师对医生说："难怪我在睡梦中胡说八道。"但我们还是不明所以！

当地人称麝香鹿为麝。甘肃的麝香鹿是最近才被发现的，相较于其他品种的鹿，其耳朵更长且颜色不同。我还看见了几只尾巴非常漂亮的野鸡。以前，漂亮的野鸡尾毛被广泛用来制作军官的帽子，但自从采用西方风格的制服以来，这种需求基本上消失了。因为拥有美丽的羽毛，这些野鸡还是会被村民捕捉。

我们在阿角村又住了几天，每天都希望能看见鬣羚。天气变得异常寒冷，在户外等了几个小时，却还是不见它们的踪影。

两周前，我们还在山谷扎营，如今情景却大不相同，我从未见过这般骤变的天气。那时候完全是盛夏，潺潺流水发出欢快而清脆的响声，滋养着我的耳朵。阳光穿过密不透风的绿树林，直射到长满苔藓的林地上，在冷杉的遮蔽中，光线忽明忽暗，柔和又娇艳。现在情况截然不同，这简直是奇迹。

雨水充沛导致河水泛滥，河水在峡谷中咆哮，山顶被薄雾包裹。嶙峋的石峰看起来更加凶险，树林的青翠也消失了。苔藓不再有阳光的眷顾，枯黄的落叶悲伤地落下，光秃秃的枝蔓上留有紫色藤蔓花开过的痕迹。冷杉在黑暗中伫立着，注视着冷峻的森林王国。

曾经覆盖山坡的草甸不再具有夏天的魅力，它们都被染成忧郁的

华莱士画的鬣羚
(*Nemorhaedus
argyrochaetes*)

褐色。秋天突然而至，像半夜闯进来的小偷。这是一个悲伤的季节，一年大势已去，回忆诸多，未来无期。不过，我对这景象并不陌生，周围的山峦让我感到亲切，让我想起多年来喜爱的那些秋日山丘。

10 月 11 日，我们依依不舍地离开了阿角村，前往洮州。洮州是座老城，海拔 2000 英尺，居住着藏族人、回族人和汉族人。这是一个古朴的小城，在街上走一走，很快就走到尽头了。最让我感兴趣的是一座精美的清真寺。这里不同寻常，特别是看到小商店里售卖的各色物件，比如铃铛、匕首，以及各种各样奇怪的物品，无不吸引着我们的目光。

我们向山中进发，又在荆棘丛中看到一些野生的松鸡，它们和家养的褐色家禽差不多。

到达山顶后，我们发现身处连绵起伏的高原之上，北部和西部的群山绵延千里，看起来像美国的大草原。这里是羚羊栖息的理想之地，成群的牦牛、马匹和绵羊在吃草，它们的犄角扭曲着，与头骨几乎成直角。

九月的雪降落在高原之上，直到五月才融化，唯有六月、七月和八月是真正的夏日。

正午过后，我们穿梭在牧区，傍晚时分才行至低矮的丘陵和杂草丛生的山谷。

跌跌撞撞地走下山，发现天已经黑了，远处传来狗叫声。我们通过一座小木桥，隐约看到很多房屋，这里唯一的一家旅馆接待了我们。旅馆很简陋，是一间屋顶低矮、四面泥墙的房子，这就是我们三个大人和五个男孩的栖所了。

华莱士一行人从阿角村出发，走出大峪沟，跨过洮河，进入临潭，再向西行进至合作的佐盖曼玛乡一带，穿过美仁草原再返回卓尼。在此次旅程中，华莱士一行看到了甘南高原丰富的地貌形态，栖息在这片土地上的动物也进入了他们的视线。

华莱士画的岩羊
（*Pseudois nayaur*）

10 月 17 日，我们又回到了卓尼，两天后我们在老魏、杨沙的陪同下前往距离卓尼 20 里地的博峪沟。我们扎营的山谷东侧延伸出许多侧谷，一直延伸到海拔约 10000 英尺的主山脊。通常情况下，这些山谷的一侧狭窄、树木茂密，而山谷的另一侧则长满了茂盛的草木；还有一些山谷，形成巨大的冰斗，在阳光照射到的地方，长着稀疏的树木。树木繁茂的北坡是狍鹿的天然居所，它们早晚觅食，常出没于山顶。

在这里发现绵羊和马鹿是合情合理的，但令

远处的冰斗与山谷，近处的森
林与草场。这里是狍鹿的天
然居所　摄影：闫昆龙

我惊讶的是，在快到山顶的地方发现了狍鹿，它们通常生活在山脚处的靠近水源的灌木丛中。不知道这是它们的自然栖息地，还是被伐木工侵扰，不得不迁徙至此，因为我们在山谷中确实听到伐木工人间歇伐木的声音。

与我们同行的医生要去约130里外的岷州看一位患猩红热病的孩子。医生诊疗后，可怜的小女孩也没能好起来。医生回来后，我们将营地搬到了12里地以外的更高处，以便更好地发现马鹿的踪迹。

现在最吸引我的也是马鹿，它比我们遇到的其他动物更有趣。所有对大型动物群感兴趣的人都知道这个不可否认的事实——马鹿无处不在，但又在迅速减少。很多国家通过制定狩猎法遏制狩猎，以保护马鹿种群。制定狩猎法容易，却难以实施。

在欧洲，多数情况下，现存的大型狩猎活动仅保留在大地主的

土地上。在英国，我们参与的唯一大型狩猎对象是赤鹿，狩猎范围仅限于萨默塞特郡、英格兰北部湖泊区、爱尔兰和苏格兰高地。

在南非，仅小部分区域还保留猎杀大型动物的项目，而昔日，这些动物在南非大草原上肆意奔跑；非洲大陆中部地区较为原始，狩猎行为比比皆是；而在英属东非，有些国家的自然生态利于狩猎。比如大量自然保护区的存在也保护了狩猎活动。鉴于此，在过去几年中，每年都有男男女女的狩猎人员蜂拥而至。尽管有诸多严苛规定，但是一季接一季，猎杀从未停止。

在美国，野牛早就离开了猎杀场，叉角羚羊成为替代品，而鹿群中最尊贵的马鹿近年来正以惊人的速度消失。在很大程度上，它们的消失是因为其牙齿的价值被过分吹捧。

马鹿在美国被误称为麋鹿，它们通常在陡峭的山坡上活动，在任何情况下都不容易成为狩猎对象。对马鹿赶尽杀绝，简直是美国狩猎者的耻辱。

左页图：
华莱士画的马鹿
（*Cervus ela-phus kansue-nsis*）

右图：
华莱士画的灌木
丛中的狍鹿
（*Capreolus bedfordi*）

　　遗憾的是，11月16日，我们不得不跟卓尼的朋友说再见。老魏带来了鸡蛋和牛奶作为临别礼物，我们在一起度过了很多美好的时光，此刻的分离让我分外痛苦。

　　克里斯蒂和波尔登也来到城门口为我们送行。没走多久，城墙就消失在一堆山丘中，我们的返程之旅也正式开启了。

　　雪已深，在阳光和白雪的映衬下，白天格外耀眼。路上遇到的许多旅行者都戴着护目镜和编织式手套，耳朵上罩着一个带毛皮衬里的心形护耳。过了洮州，我们从这个角度看到了一个完全不一样的壮丽岷山。这和以前探察的所有地方都不一样。

华莱士、波尔登及当地向导等人一同在迭山的高

华莱士一行人拍摄的迭山的峡谷、溪流、村寨，这里是动物与人类和谐相处的世外桃源

华莱士画中有点像大熊猫的、极为罕见的藏蓝熊（*Ursus arctos pruinosus*）

山峡谷、密林草甸与险峰云海中艰难前行，他们因此结下了深厚的友谊。

华莱士离开临潭，渐行渐远，迭山仿佛凝望着这个来自远方的客人，寂静无声却又有千言万语。老魏等人挥手告别时，并不知道他们的身影连同迭山的精灵们，将出现在遥远国度的书籍中。

第 4 章

通渭县

清水县

甘谷县

天水市

礼县

西和县

两当县

徽县

成县

西汉水

陇南市

康县

嘉

陵

江

江

梦中的乐园，
心中的羁绊

雷吉纳德·法瑞尔的
迭山情缘

Reginald Farrer

雷吉纳德·法瑞尔
（Reginald Farrer）
英国作家、探险家
英国"岩石花园之父"

左图：身着中国传统衣服的威廉·波尔登（William Purdom）　右图：波尔登拍摄的迭山石门

　　威廉·波尔登（William Purdom）[1]受雇于维奇苗圃公司[2]和哈佛大学阿诺德植物园。从 1909 年开始，他就在中国北方进行考察。

　　考察任务完成后，波尔登在 1916 年被北洋政府任命为林业高级顾问。他采用科学的林业管理方式，在恢复和保护中国林业资源方面发挥了积极作用。

---

①威廉·波尔登（William Purdom, 1880—1921），英国植物学家和生态学家，因在中国的植物采集与探险而被世人所知。
②维奇苗圃（Veitch Nurseries）是欧洲 20 世纪最大的家族经营苗圃。主要业务是召集"植物猎人"，面向全球采集各种植物，再进行本地化栽培，曾经为欧洲园艺行业引入了大量兼具观赏与商业价值的植物品种。同时，很多受资助的"植物猎人"都声名远扬，欧内斯特·亨利·威尔逊（Ernest Henry Wilson, 1876—1930）就是其中的佼佼者。

波尔登拍摄的反映当地风土人情的照片

　　在波尔登的指导下，中国在 1919 年前后建造了 1000 多个苗圃，培育了超过 1 亿棵树苗，在广阔的土地上种植了 2000—3000 万棵树。种植的树木中有许多是来自北美的新树种，波尔登根据树种的特性将其种植到不同的地区。在他的指导下，这些树苗都生长得很好。他组织进口了数百万的种子和插枝，是唯一一位为中国引进植物数量远超过在中国采集植物数量的西方"植物猎人"。

　　1921 年，波尔登在北京因为一次小手术而去世，韩安先生[1]等 54 位中国人在信阳林业局[2]的种植园内建造了一座巨大而优雅的纪念碑，并将此种植园命名为波尔登森林公园。如今公园仍保留着当年种植的

---

[1]韩安（1883—1961），字竹坪，安徽巢县人，林学家，中国近现代林业事业的奠基人之一，中国出国留学生中第一个林学硕士学位的获得者。

[2]现称为信阳林业和草原局。

上图：
扎伊克噶附近的
断崖
摄影：李云翔

左页图：
波尔登拍摄的扎
伊克噶附近的迭
山，右侧是扎伊
克噶附近的断崖

北美落羽杉和池杉林基地，保留着波尔登和韩安先生的办公旧址。

也许这位来自异国他乡的植物学家会喜欢他的中国朋友们为他写的墓志铭：

> 他是中国人民真正的忠实朋友，赢得了同行们的钦佩和尊敬，为中国的造林事业不辞辛苦地工作。如果他还活着，一定会培养出中国的下一代护林人。

华莱士之所以致谢波尔登，是因为其在迭山一带活动时刚好在临潭遇到了欧文、华莱士与史密斯一

行，波尔登在诸多方面给予了他们极大的帮助。异国他乡的探险家在共同的旅行中积累了丰富的探险经验和植物采集经验。

　　1913 年，回到英国的波尔登在邱园遇见了植物学家雷吉纳德·法瑞尔（Reginald Farrer），此时已回国的波尔登与"东家"（维奇苗圃公司和哈佛大学阿诺德植物园）的合约到期，他苦于经济压力无法开展植物考察活动，不得不滞留在老家威斯特麦兰。恰恰此时的法瑞尔缺少一

位于信阳鸡公山的波尔登森林公园

个熟悉中国的向导。

　　虽然法瑞尔无法给波尔登支付足额工资，但至少能负担他从英国到中国的交通和食宿费用。因此波尔登以法瑞尔探险队经理的身份参与了此次考察活动。

　　法瑞尔一直关注探险家普尔热瓦尔斯基、波塔宁、金顿·沃德和乔治·福雷斯特在中国的探险。

　　老一辈的俄国探险家已经取得了丰硕的成果，新一代的"植物猎人"经过甘肃南部，南下到了四川和云南。

　　法瑞尔分析了他们的采集成果，认为甘青地区纬度更偏北，所采集的高山植物在耐寒方面更接近英国种植的植物。于是，他将考察目的地定在了甘肃、青海一带，波尔登恰好在此处有过采集经历，两人随即前往。

　　这段考察经历以文章的形式发表在 1917 年《地理学》杂志上卷，其著作《在世界屋脊下》《彩虹桥》中也有提及。法瑞尔在 1916 年 11 月 20 日的《地理学》杂志会议报告中，详细讲述了在甘肃青海一带的考察情况。

　　会议主席发言：

　　今天晚上，法瑞尔先生将为我们分享一篇文

爱丁堡皇家植物园收藏的法瑞尔采集的绿绒蒿标本,描述部分的文字为: 报春花群中这株可爱的植物只出现在擂鼓山阴坡和高出的石灰岩壁上海拔 12000—13000 英尺的地方。它在 6 月 20 日这天光彩夺目,因为通常在 8 月 20 日之后几乎所有的种子都会从细长、狭窄又无绒毛 (或非常稀疏的绒毛) 的蒴果中消失
供图: 孙航 吉田外司夫

章，文章中描述的地区我们知之甚少，这个地区的大部分区域从未被欧洲人涉足。该地区位于中国甘肃西南部，有欧洲旅行者曾经到达过此区域。著名的斯坦因先生在 1906—1908 年在中国探险时曾到达过该地区的周边区域，俄国旅行家科兹洛夫上校1908 年也曾到访过，我们最近出版了关于这个地区的纪要，作者是台克曼先生。

但是这些旅行者并没有到过法瑞尔先生提及的迭部沿线的具体地方。法瑞尔先生是权威的园林和植物学家，他在甘肃的旅行不是翻山越岭，就是深入奇花异草生长地，其主要目的是收集稀有植物。

幸运的是，他有一位充满活力且能干的同伴——波尔登先生，他非常了解中国。

法瑞尔发言：

1914 年 3 月 5 日，我的探险队在阴雨绵绵的日子里离开了北京，前往甘肃西南部。

我的目标是穿越整个中国，线路是经由西安、凤翔到达甘肃西南地区。在这里，青藏高原的高耸山脉会和西部连绵起伏的黄土丘陵相交。事实上，中国的西部地区，从湄公河到大通河的区域只能模糊地称其为西藏地区。欧洲人认为的西藏地区仅仅是喜马拉雅山脉后方纵深蜿蜒的一片区域。这片广阔的亚洲高地的东部边缘是深数百英里、长数千英里的无人区，它像迷宫一样，延伸至云南西部、四川和甘肃，最终消失在连接新疆的北方沙漠之中。

在这片未知的荒野中，甘肃的某个地方有一条叫作插岗岭的山脉，俄国探险家波塔宁曾经穿越这条山脉，在那里可能有与云南、四川高山植物一样原始丰富的高山植物区系。相比中国的南方植物，这些植物可能更适合我们这里的寒冷气候。因此，为了寻找这座神秘的山岭，我向神秘的甘肃西部挺进。

这次的旅途并不孤单，在离开英国之前，我在邱园遇到了波尔登先生，那时候他已经在中国北方为亨利·维奇爵士[1]收集了三季的种子。我立即询问他是否愿意加入我的探险活动，他欣然同意了，我认为这是我旅途计划中最大的幸运。

除了我们，队伍里还有两个中国人。来自陕西的没有受到西方文明熏陶的农家小伙，在边界的危险与困境中完全可以依靠；来自沿海城镇的小伙永远不会跟随你到达新的区域，这是遇到困难时第一个临阵脱逃的家伙。除此之外，每个州县的知事会派一两个士兵护送我们进入下一个州县。另外，队伍中还有十几头驮畜组成的骡队，以及这些牲口的六七位主人。

4月11日，我们抵达了秦州[2]，此后的旅程值得详细讲述，因为从这里开始就没有了主路。整整九天，我们在亘古的荒野上朝着阶州[3]方向前进。这座城市隐蔽在黑水河[4]的峡谷后面，坚不可摧。在第一周的行程中，我们看到的仍是典型的甘肃南部风景——圆形的黄土丘陵、耕作的梯田，除了山坡上零散的小果园里有花朵盛开，再没有其他树木，有些地方有用泥建造的房屋，整洁干净，被绿宝石般的垂柳和新生的杨树所包围。

如果能预知命运，从阶州沿着黑水河向西走三天，我们就能到达西固⑤，我们却一路向南寻找插岗岭。阶州这个偏远的地方也不安全，白朗⑥的队伍正在赶来阶州的路上。与此同时，我们得到了关于插岗岭的第一个消息，尽管那时没有人知道它就位于文县以西的某个地方。

白朗早期是北洋新军第六镇统制吴禄贞的参谋军官。1911 年，白朗在河南宝丰办团练，并在河南西部一带进行游击战争，救济穷人。

因河南连年饥荒，加上北洋政府横征暴敛，流民铤而走险，揭竿而起，很多人纷纷响应，白朗的队伍逐渐壮大。

1914 年初，白朗的队伍进入安徽，随后进入湖北、陕西一带。当年 4 月，队伍经天水、岷县等地进

①当时欧洲最大的私人苗圃主人，为他采集过植物标本的包括波尔登、威尔逊等著名"植物猎人"。
②今甘肃天水市。
③今甘肃陇南市。
④今白龙江，后将保持原文中黑水河的称呼。
⑤今甘肃舟曲县。
⑥起义军领袖。

青藏高原的高耸山脉和西部
连绵起伏的黄土丘陵相交

入甘肃南部地区。法瑞尔就是在这段时间穿越了被白朗队伍占领的地区。

　　整整三天，我们都沿着黑水河峡谷向文县跋涉，黑水河在阶州以南，是阶州安全防御的天然屏障。陡峭的悬崖上，狭窄的路在陡峭的山面延伸。头顶上方，两边都是巨大的峭壁，偶尔能看到云母的痕迹，这是干燥区域内唯一的一块潮湿之地。在那里，唯一有生命的东西是一株日光兰①，它就像一支残烛，渴望在峡谷阴暗的崖壁上绽放火焰。在特别危险的地方能看到神龛——仁慈的菩萨塑像嵌入岩石中，成了险峻转折处的守护神。

　　悬崖下是浅滩，人们可以骑着马穿过柔软的黑色淤泥到达村庄，在杨树、柿子树、石榴树下晒太阳。

　　第四天，我们通过一座精心设计的吊桥，一路向西，蹚过河流，沿着一片更冷的谷地，向树木繁盛的风山关前进。清澈的小河在山谷底部静静流淌。穿过风山关后我们进入了白水江②峡谷，因此错过了碧口镇以南几英里处的白水江与黑水河的交汇处。行进路上，山脚下有一片小树林，里面有一座景色宜人的叫作老爷庙的村庄。

　　在关隘的另一边，光秃秃的山脉像阶州一样贫瘠，却意外孕育了一座可爱的小城——文县。这座城坐落在白水江上，在湛蓝的江水的映衬下，它就像一颗明珠，城里街道两侧布满了美丽的洋槐。

　　我们了解到向西最多行走四天就能到达插岗岭。但消息越确定，情况就越糟。那个地方的情况特别糟糕，以至于负责我们安全的彬彬有礼又和蔼可亲的文县老知事含着眼泪恳求我们停止前行。因为插岗

左图：
白龙江上的吊桥。
十多年后，洛克也
拍摄了这座桥

右图：
洛克在十多年后
拍摄的文县吊桥

岭是纯粹的"野地"，我们的安全无法保障。最后通过斡旋，我们才得以前行。

前三天都在炎热的山谷中度过。第二天，我们离白水江越来越远，白水江湍急险峻的水流从南方奔涌而出，经过文县流向四川境内，那里的雪带在风暴的神秘面纱下依稀可见。与此同时，我们朝着的砾石山谷前进，这里更加沉闷、贫瘠、荒凉，听说已经有三年没有下过雨。

---

①日光兰（*Asphodeline lutea*），原产于地中海地区，被用来供奉 5 世纪法国恩威努的主——圣玛梅鲁达斯。传说圣玛梅鲁达斯在祭坛上祈祷，使整个城市免于大火的蹂躏。由于中国没有日光兰分布，疑为法瑞尔对独尾草（*Eremurus chinensis*）的错误描述。
②现在的白龙江，文中的"白水江"均指白龙江。

左页图：
这片水域是文县天池，
是一处因地震形成的
高山堰塞湖

右图：
在插岗岭可以清楚地
看到甘肃最南端的景
色。青藏高原东南方
向延伸出两条巨大的
相互平行的山脉，一
条大约 9000—10000
英尺长的产金的红色
山脊（达哈石山）将两
条山脉隔开，南北流向
的黑水河似乎切断了
东西走向的两条山脉
制图：张超龙

　　我们遇到的第一个藏族村庄叫地尔坎村。进入村庄，我们明显地感到从谷地走到了丘陵。插岗岭巨大的山石壁就在头顶上方，看似近在眼前，实则高不可测。通往插岗岭的小路在开阔的山体一侧蜿蜒，身后是一些小山丘，远处能看到山脉令人叹为观止的全景——位于松潘附近的连绵不绝的山脉。在海拔 10500 英尺的高地，即使已经是五月，积雪也覆盖着山坳。

　　在插岗岭可以清楚地看见甘肃最南端的景色。青藏高原东南方向延伸出两条巨大的相互平行的山脉，一条大约 9000—10000 英尺长的产金的红色山脊（达哈石山）将两条山脉隔开，南北流向的黑

当你抬头向北看时, 就能看到插岗岭像一头巍峨的石狮子, 海拔约 1500 英尺, 高耸威严
摄影: 刘江林

水河似乎切断了东西走向的两条山脉。

　　插岗岭在第一座山脉的最东边。当抬头向北望去,插岗岭就像一头巍峨的石狮子,海拔约 1500 英尺,高耸威严;但是从对面的红色山脉望去,插岗岭只是座低矮的山丘。主山脉①是向西延伸的连绵不断的白云石山群,由于被积雪覆盖,巨大的群山像舰队一样屹立于低矮的山海之上。与群山的壮丽相比,插岗岭显得很单薄。

　　站在插岗岭山口,谷地深不见底,寒冷的北坡不同于荒芜的南坡,

杜鹃花丛林(*Rh-odododendron*)与甘肃西南部的山脉

茂密的冷杉和繁盛的杜鹃花比比皆是。放眼望去，插岗岭被层层叠叠的树木簇拥着，一直延伸到拱坝河。山脉尽头的拱坝河和白水江相遇，湍急的水流冲击着河床上的白色巨石，激起灰白色的浪花，咆哮声震耳欲聋。

向远处的山坳和山脊望去，能看到红色山脉（达哈石山）的锯齿状轮廓。越过插岗岭，岷山[②]荒凉的山墙遮蔽了视野。这里的海拔约 12000 英尺，与海拔约 14000 英尺的擂鼓山相接，雄伟依旧。这里还有另一个巨大的山峦，山峦之后的白云石山脉绵延至青藏高原，与青山梁[③]山脉互为呼应。红岭是汉族人的管辖地，慈禧太后在另一侧的擂鼓山下的西固建立了最后的武装哨所，崭新又坚固的城墙将用来抵御入侵者。

往北越过岷山，我们沿着边缘处的狭长地带继续前行，这里的海拔相对较低，约 11000 英尺。喇嘛岭和莲花山守卫着从南面通往兰州的两条通道。此后，再无高山，只有龟裂的黄土，放眼望去，死气沉沉。最后，向上行至黄河最北端，昆仑山南端蜿蜒的山脉，最终与天山、贺兰山和阿尔泰山连接。

①这里指迭山。
②即迭山，本文其余译文中出现的"迭山"均译为"岷山"。
③迭山南部的西北东南方向山岭，是甘肃与四川的界山。

法瑞尔拍摄的擂鼓山

左页图：
因为其优美的环境和独特的地质构造，擂鼓山以北的官珠沟、鹅嫚沟、木隆沟与庙沟一带区域被确立为官鹅沟国家森林公园，该公园在 2014 年被确立为国家地质公园

接下来的两个月，我将侧重于历史研究。我们穿越低矮的山丘，终于到达插岗村，村民却没有热情地接待我们。"插岗"和"插岗岭"很有特点，显然是对一些意义完全不同的藏语词汇进行了翻译。到插岗后不久，这里的长老开始猜忌我们。此地盛产黄金，长老们垄断了黄金开采，他们禁止外人进入这片蕴藏着黄金的高山要塞，尤其是我们这些异域面孔。

虽然我们声称是植物爱好者，但他们难以相信有人跋山涉水、历经艰险来这里只是寻找奇花异草，而不是寻找金子。他们有理由认为大批西方传教士会慢慢入侵，最后他们的文明被欧洲文明同化。

因此，插岗村的长老对我们非常冷漠，还对我们进行了详细询问。当然，他不相信我们的回答。令人欣喜的是，他逐渐变得很有礼貌，最后带着微笑离开了。我们觉得应该趁早离开这片区域。

我们匆忙出发，穿越小河，向上往红岭对面的第二处山坳走去，那里有一座名叫达哈桥的村庄。

向北穿越草原之后，将进入黄
土高原地区

我们了解到在山谷朝西约 10 英里处有一座政府管理的名叫沙滩的藏族
村落，他们完全占据着这些海拔 18000 英尺的美丽山脉。随即我们向
沙滩村前进，这是一个贫穷的小村庄。我们在村子外面一座摇摇欲坠
的寺院里安顿了下来。当我们专心工作时，我们突然意识到我们将永远
无法获得来自外面的最新消息。

插岗岭一带重峦
叠嶂，交通极为
艰险，却曾经是
甘川一带的重要
通道
摄影：刘江林

我们从黑水河边离开的一个星期内，白朗的队伍穿越峡谷，一路行至甘肃。甘肃南部的城市都遭到了洗劫，就连兰州也恐慌地关起门来，守卫的队伍开始动摇——是坚持抵抗还是归顺白朗队伍。我们自己也处于危急之中——在山区探险时遇到了冰雹与雷电，我们在插岗一带的采集成果几乎被毁掉了。

摆在我们面前的是无法逾越的海拔约 18000 英尺的山脉。在东部，白朗队伍即将压境，西部是没有人能够活着回来的荒野之地——"黑迭部"，据说北方已经被白朗队伍占领。

最终，我们找了一些当地村民，恳请他们驮载着我们的货物越过通往西固的山地，我们成功逃离了沙滩村。我们再次到达黑水河，走了大约 10 英里便来到了一道峡谷，峡谷之上就是坐落于擂鼓山底部的西固，周围的山丘沐浴在充足的阳光中。走到山谷的尽头便是青藏高原，这段路程大约 6 英里。我们想着白朗队伍肯定不会进入如此贫瘠之地，但事与愿违，他们立即向北占领了岷州和洮州。

甘肃南部的文县和西和县有幸躲过一劫。因此，这里的人非常欢迎我们，他们冒着风险，寻找、保护迷路的我们。

法瑞尔等人从武都到老爷庙、翻过风山关到达文县的旅程基本是顺着白龙江峡谷前行的, 几乎和 1909 年维克多·谢阁兰 (Victor Segalen) [1] 的行进路线一致。谢阁兰在《中国书简》(Lettres de Chine) 中也描述了这一带美妙绝伦的景色和 "原始而迷人的黑水河峡谷":

　　像布雷斯特九月的天气, 蔚蓝的天空, 没有风也没有尘土, 色彩不停地变化, 令人诧异。

　　周围的群山无比壮丽, 可惜山路崎岖, 不允许我们看一看这山。翻过大刀岭———一道阻碍我们前往四川的高耸山脉, 艰难地前行了 10—15 公里。在岩石凿出来的栈道上, 我们一路前进, 前往那深山野岭。

[1]维克多·谢阁兰 (Victor Segalen, 1878—1919), 法国著名诗人、汉学家和考古学家。

左页图、右图:
谢阁兰拍摄的黑
水河谷(白龙江
沿岸)风光

　　最后瞥一眼壮丽的甘肃，它的南方是那么美
妙……

　　之后，一道有护墙的门挡住了山口：这是四川
看得到的边界。

　　山谷的色彩无比丰富，我们缓慢地向前方行
进。

　　这个时候的法瑞尔一行人到达了此次旅程中最
安逸的地方：舟曲。

　　西固是这个世界上的乐土之一，这座避风港
充满阳光，它温暖、纯粹，遍布棕榈树、无花果和水
稻，我永远忘不了。西固坐落在一个封闭的大 V 型

的黄土高原三角洲的河流之上。岩羊在这片棕褐色、光秃秃的三角洲上觅食，寻找可能出现的灰绿色新芽。西固背后有一座很高的山，顶部有一个大约一英里深的起伏山岭，村落就坐落在那些被重新开垦的砂石地里。

　　在这里能看到耸立着的荒凉的岷山山脊，擂鼓山巍峨壮丽的身影笼罩着西固。在大约八个小时的行程内，我们在炎炎烈日下沿着河谷边滚烫的石头一路向上，穿过向上延伸的植被带、亚高山带、高山带和极高山带，到达了山顶荒凉的石壁上。在海拔约 13000—14000 英尺的地方，能看到在其他区域看不到的稀有植被，除了隆起在裸露砾石山上的星星点点的金色双花委陵菜，还有天蓝色的草甸与绿绒蒿坚毅而挺拔的身姿，它们头顶的白色绒毛像洒下的霜。

　　岷山向东的最后一段路程水源极少，我们在此处见到了从未见过

左图:
现在的舟曲县城

中图:
搭鼓山巍峨壮丽
的身影笼罩着舟
曲

右图:
法瑞尔在舟曲周
边高山地区拍摄
的草甸绿绒蒿
（*Meconopsis
prattii*）

的石灰岩景象。山脊孤零零地伫立着，狭窄而陡峭。它的南面被一个巨大的峡谷撕裂开来，整座山看起来似乎是峡谷中的皱褶。近几个世纪，许多这样的峡谷已经干涸了，而两个最高的峡谷中的溪流汇聚在西固的三角洲顶部，形成了一片白色的带状河面。虽然没有连续的水道，但是溪水不断下沉、再现，像飘逸的山林仙女，让我想起英格尔伯勒山①那些穿过石灰石的小溪。事实上，在积雪融化之后，在搭鼓山这么高的地方，夏天也很难有水源。在搭鼓

①译注：英格尔伯勒山拥有英格兰保存最好的石灰岩岩面、回音洞、幽深裂谷和带有冰河时期遗迹的干涸河谷，整座山峰布满了石灰岩，形成了千奇百态、引人入胜的景观。

山脚下的石灰岩里，水量却很充足，它们在西固的树林间跳跃奔涌，如白云石间散落的闪耀钻石，晶莹剔透，一直滑向远方。

直到 7 月 6 日，我才离开西固北上。附近三角洲和田地的玉米都已经收割了，取而代之的是水稻，这些水稻是一年三茬收割农作物中的第二茬。

沿着黑水河炽热的山石谷，向东南方前进大约20英里，就能看到一条令人惊叹的从北方以直角汇入黑水河的大河，它穿越岷山山脊流向峡谷，这条河就是南河①。所有岷山北麓发源的水流都向北流去，最终汇入黄河，而岷山南麓发源的水流都向南流去，最终汇入长江，南河却是例外。沿着南河的峡谷向北走，走出峡谷时，会再次置身于典型的甘南风景中——绵延的丘陵被灌木丛覆盖着。相较东边的丘陵，这里可耕种的土地面积很小，有些地方的文明程度却很高。

白朗队伍经过地方的交通逐渐开始恢复交通。居住在藏式宫殿卫城的马土司占领了这个小镇，南河从这里汇集于洪流之中。

一旦向北穿行，就能看到典型的风景——没有起伏的棕色丘陵、高地丘陵和山谷，眼前是一片开阔且未耕种的绿色丘陵。那里有宽阔的河谷，有一种非凡的空间感和开阔感，就像是置身于世界之巅的浅底绿色的茶托中，无边无际的蓝天像一个盖子一样紧紧地压在身上。岷州出现了天地连接之景。在这里会遇见洮河——一条发源于青藏高原的河流。岷州是一座典型的中国北方城市，充满了原始的平静。整座城被平坦的翠绿色山丘环绕。

---

①今称岷江，为区别于四川岷江，可称之为甘肃岷江。

法瑞尔拍摄的汇
入黑水河（白龙
江）的河流 ——
南河

　　从岷州向西便是洮河河岸，向上走大约 60 英里就是通往卓尼河岸的桥。然而，白朗队伍进攻洮州时破坏了这座桥，我们不得不继续向西前行。

　　我们沿着洮河沿岸往北走，在高耸嶙峋的山崖下，利用绳索摆渡到洮河北侧，终于看到山坡和山顶上都覆盖着的稀疏的伏牛花、柳树和桤木。柳树和醉鱼草密密麻麻地覆盖着洮河的卵石层，那里是豹子出没的地方。这片土地荒凉，人迹罕至。在海拔约 8000 英尺的地方，周围海拔约 11000 英尺的

上图:
迭山的鼠兔（*Ochotona*）看着像老鼠，其实是
兔子的近亲，高山草甸的"小主人"
摄影: 花间

左图:
洮河岸上生长的醉鱼草属植物——互叶醉鱼草
（*Buddleja alternifolia*）
摄影: 冯虎元

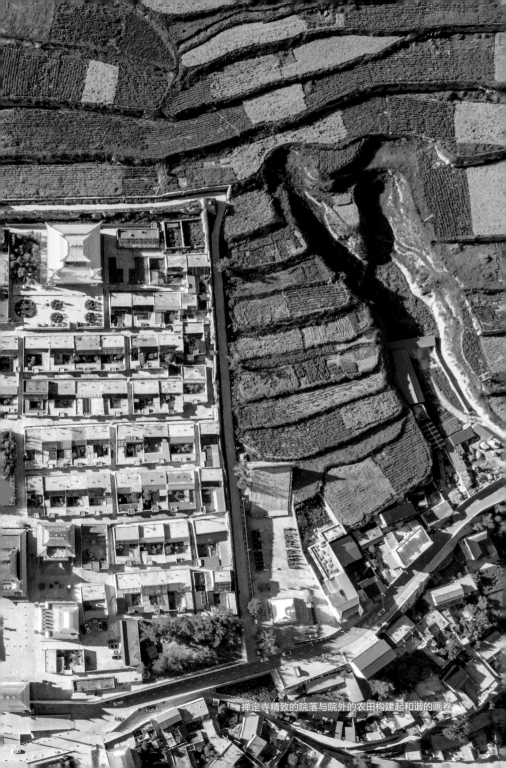

禅定寺精致的院落与院外的农田构建起和谐的画卷

山脉看起来也不过是海拔 3000 英尺的荒山。

卓尼是位于洮河北侧的一个小城镇，挤在裸露着黄土的山地里，四周是草地。卓尼对面的洮河山坡却植被充盈，与之形成鲜明对比。卓尼土司是一个富有的年轻人，他新装修的中式宫殿极尽奢华，堪称卓尼的亮点。

在山的更高处，山墙围起了一座小城，那里便是土司的寺院——也就是敕造的卓尼土司大寺院。这座大寺院与塔尔寺、拉卜楞寺齐名，甚至在声望上更胜一筹。

时局动荡，寺院大门紧闭，幽长的街道静悄悄的，殿宇及存放珍宝的房间都被锁起来了，大多数僧侣带着几尊佛像前往河对岸更安全的高地。土司竭力阻止我们向南进入距卓尼 50 多英里的洮河及岷山之间的战乱地带。

我们最终凭借多种策略成功完成了这次探险。当然，我们迫不得已地配备了一支护卫队。护卫队由大约 40 名年龄不等的藏族人组成。每个护卫都配备了古老的火神枪。有了这些，我们才能在树林里安营扎寨，围着篝火讲故事、唱歌。

洮河和岷山之间的山谷十分荒凉。

这个地方离洮河只有几英里，但是无人居住。随着海拔越来越高，村庄也没有了，山谷变成了一片绿色的虚空，寂静而无生气地一直延伸到岷山脚下。这里的风景是一幅单调的画卷——山脉有规则地起伏着，没有任何隆起或显著的特征，每一个斜坡的南面都是繁茂的绿色草地，北面则是一片暗黑的森林，从任何山脊上看到的景色都是奇怪的明暗相间的工字型褶皱。然而，巨大的石灰石重新出现，在这之后，出现在

洮河已经从夏季
的浑浊变成了一
条纯净的绿色河
流
摄影：闫昆龙

眼前的就是岷山主峰，它像烈火一样在地平线上延伸，高耸的白云石墙和在意大利的科罗本斯坦或瑞特讷洪（Klobenstein or the Rittnerhorn）看到的一样，绵延广阔而又蛮荒原始。

要想穿越岷山，必须配备比我们更好的篷车，还要有充足的物资。我们的物资补给是在距离基地15 或 20 英里的地方完成的。像这次甘肃之行经过的其他山脉一样，岷山山脉没有常年积雪，天气却如同擂鼓山的名字一般多变。早晨祥和宁静，中午像有心事的少女一般愁眉紧锁，下午四点到六点之间总是风雨大作，之后便是晴空万里。除了九月的最后两周，岷山总是被笼罩在一片铅灰色的云层中。第一场降雪后，天气突然变好，晴空万里；但是到十月底，山上就会变得白茫茫的，真正的冬天到来了！

岷山像烈火一样在地平线上延伸
摄影：鲍仁坤

　　秋末，荒凉的山丘都已沉睡。我们从卓尼出发，穿过光秃秃的棕色原野，前往依旧炎热的新洮州。越过最后一个大隘口，右边是犹如花瓣状的莲花山。冬天，山上的柳树林披着光滑的金色外衣，从琥珀色到橙色，分外迷人。

　　我们历时一年的高山之旅即将结束。在遥远的莲花山北麓，我们所走的这条小路最终与向北延伸的洮河汇合，洮河已经从夏季浑浊的河流变成了一条干净的绿色河流。

　　之后，我们进入了汉族人居住的地区。日复一日地在宽阔平坦的河谷上行走，远处有一条狭长的赭色平顶断崖，在万里无云的天空中呈乳白色，这让人情不自禁地想起了尼罗河流域的景色。

　　我们离开洮河，抄小路在甘肃中部的荒凉的山丘、平地和山岗中走

左图：
法瑞尔拍摄的迭
山大峪沟阿角沟

右图：
法瑞尔拍摄的位
于舟曲沙滩附近
的庙宇

了三天，最后爬上了另一座陡坡。而在遥远的另一侧，都是皱巴巴的像在埃及一样的赭色山丘，转过拐角，你会发现已经置身于一个北国省会的喧嚣之中。黄河从一座雄伟的铁桥下川流而过，外国人到兰州必定要去这座铁桥参观，并在这里拍照留念。

我的旅行的第一阶段至此结束。

我本想讲述完整的旅行故事，但是时间有限。相较于详细地讲述行进的路线及所见所闻，我觉得简洁一些更好，因为只有亲自前往才能体悟旅行的意义。

优秀的探险家会选择自由的路线，也会审视旅行的目的。

一旦被亚洲吸引，就永不休宁。亚洲有着比阿尔卑斯山系的多洛米蒂山更引人入胜的山峦。

一旦被亚洲俘获，就会觉得灵魂被禁锢在西方的喧嚣和虚无中。内心深处对自由的渴望，会让人去探寻那荒凉而寂静的土地。

那些亚洲的高山是如此古老，如此疲倦，又如此睿智。

2017 年，著名的旅游杂志《孤独星球》对亚洲旅游目的地进行了全面评选，该杂志认为："对任何渴望逃离的人来说，亚洲是如此广阔而又多样。我们的

那些亚洲高山是如此古老，
如此疲倦，又如此睿智

旅行专家梳理了成千上万条推荐信息，并从中挑选出接下来 12 个月最值得一去的景点。"中国甘肃在广阔的亚洲土地上脱颖而出，被选为"最佳出游目的地"。如果百余年前的人可以和现代人通信，在对迭山和甘肃的认识上，《孤独星球》的编辑们必定会和法瑞尔共饮一杯知交酒。报告结束后，法瑞尔与参会者还进行了交流。从节选内容中可以看出，他的甘肃之旅非常有趣。

主席：今天，威尔顿先生也在这里，相信他可以从其他角度为我们介绍这一地区。

威尔顿先生：很抱歉，我要说的是，今晚我也是首次听到这段旅程，我之前并未去过。但我非常喜欢今晚分享的精彩而愉快的内容。演讲者的陈述也非常有趣，对这里的雪山高原的描述尤为引人入胜，我们听得非常愉悦。

布鲁斯勋爵：我离甘肃最近的一次是身处北京西北方的长城附近。长城的一边是北方，另一边是南方，那里有法瑞尔先生所提到的壮丽河谷。讲述者图文并茂地向我们描述的这个地方与中国西部有天壤之别。鉴于我在此地的所见，我的表述可能不会为法瑞尔先生凭借勇气和冒险精神穿越的这片土地增添任何色彩，但我的确想问两三个关于甘肃地理自然特征的问题。

法瑞尔先生能告诉我们这些山有多高吗？常年积雪是造成冰川下沉到山谷的原因吗？调查的植物群的大致是什么类型？是否与阿尔泰山上西伯利亚的植物区系相似？它们与北欧植物系有什么亲缘关系？还是它们是属于东亚的植物类型？我曾在阿尔泰山，甚至在长城沿线北京以北的山上，发现过属于北欧植物属系的植物。

　　我听说法瑞尔先生十分谦逊，并没有告诉我们他已经取得的极有价值的植物学发现。他带回了许多美丽的花及灌木的种子，其中很多种子可以在我们这里种植，装饰我们的花园。再次感谢法瑞尔先生为我们带来的快乐。

　　法瑞尔：至于山的高度，我认为要准确测量是相当困难的。我带了一个精致而昂贵的无液气压计，但是我觉得它测量的数据并不准确。但是从以前的记录来看，俄罗斯人测算的西固的海拔为6600英尺。

　　鉴于此，我认为擂鼓山的海拔在 14000—15000 英尺之间，可能是 14200 英尺。而岷山更高，约 15000 英尺，青山梁海拔为 18000 英尺。关于积雪面，显然这是一个可变点——在藏族部落集聚区附近，海拔应该非常高。除了没有日照的侧面峡谷，这些山脉没有永久积雪。我曾在四川松潘高处看到过永久积雪覆盖的山脉[1]。正如我所说，18000 英尺无疑是青山梁的最高海拔。关于植物区系的类型，有两三个有趣的地方值得讨论。

　　第一年我找到了北欧和亚洲低海拔的植物群，

①法瑞尔描述的终年积雪的山脉就是如今的岷山山脉雪宝顶一带。

该植物群一并延伸至西藏东部边缘，之后又与喜马拉雅山一侧高海拔植物群汇集。当到达四川时，那里纯粹是南部和喜马拉雅山脉植物群系了。我认为只有在甘肃洮州边境，才能看到具有代表性的两种植物群系。

第一年，我就发现了南方植物的混合物种，这是很了不起的。第二年，我在北部更高、更冷、更荒凉的高山上发现了北方植物群系，但是非常有限，新物种很少，也不怎么有趣。

主席：我对法瑞尔先生的分享表示衷心的感谢。很少有旅行者能有如此冒险的故事，而且还能讲述得如此生动、如此有趣、如此有戏剧性。

在我看来，对于那些在战后想冒险的人来说，在世界上的任何地方探险都无法与法瑞尔此次的探险相比。莫利勋爵认为，探险者可能会像涌入美国阿拉斯加一样涌入中国。

我们都希望法瑞尔先生能将其探险经历写成书，这样我们就能看到更多花朵的图片了。

我不知道大家是否注意到其中一张图片展示了植物出色的防御保护功能，娇嫩的花朵被皮刺围绕着。在喜马拉雅山脉植物区系中，我们发现植物利用蓬松的外衣抵御寒冷。这些美妙的物种将自己武装起来是要对付什么敌人吗？

法瑞尔一行从北京乘坐火车前往河南，再经陕西西安、宝鸡到达甘肃天水、武都一带，本来从武都逆白龙江而上三天可达舟曲，但后来绕行至更靠南的文县，再经风山关北上，翻过插岗岭到达舟曲。这究竟是他们误判了路线，还是想沿着俄国探险家波塔宁的线路寻找神秘的插

水母雪兔子（*Saussurea medusa*）。高山地区的自然环境恶劣，为了生存，水母雪兔子生长出了一层厚厚的"棉被"，用于保暖

岗岭？法瑞尔一行人确实没能寻找到波塔宁记述的秘境。在法瑞尔看来，插岗岭是一座既不雄伟也不神秘的普通山峰。

　　法瑞尔对从武都到文县的黑水峡谷悬棺的描述令人惊奇，这是至今可见白龙江峡谷有悬棺的唯一的考察记录。而他记录的舟曲棕榈树、无花果、水稻及一年三熟的农作物，一定会让现代的读者大为震惊，难怪 1700 多年前蜀国名将姜维要在此地屯田养兵、避世躲祸①。

①河谷谷地土壤肥沃，易于耕作，是屯田的极佳场所，而复杂的地形地貌让这里易守难攻，既可以抵挡曹魏大军的进攻，还能远离成都的政治斗争。

　　到达舟曲后，考察队伍在这里建立了大本营，对周边地区进行了植物采集。后又经岷县到达卓尼，在迭山北坡一带进行植物采集，最后从莲花山一路向北到达兰州以及大通河和祁连山东部地区。

　　法瑞尔对迭山的景色和文化的描述很有感染力，后来，在法瑞尔旅行作品的影响下，很多植物学家前往甘肃南部进行采集。直到现在，还有植物爱好者追随其脚步，如日本植物学家吉田外司夫[①]。吉田外司夫在 2016 年发表的关于高山绿绒蒿的考察报告中表明，他以法瑞尔的地图为蓝本、以法瑞尔发现的物种为考察对象进行了科考之旅，并和中国科学院昆明植物研究所的孙航一起确认、核实了法瑞尔发现的两种绿绒蒿。2021 年 4 月，日本植物学家吉田外司夫去世。

　　法瑞尔在舟曲、卓尼度过了一段惬意的时光，迭山一带的优美景色给他留下了美好的回忆，《在世界屋脊下》记录了他的所见所闻。下文是部分节选。

　　第二天，我们告别女主人，又一次来到对面的山谷。在布满银杉的山谷入口处，有大片白房子连成的小村庄，这些耸立的银杉蔓延至相邻山坡的墙壁上，银杉深处就是陡峭的山脉。

　　在我们脚的前方，碧蓝的河水蜿蜒至宽阔的草坪上，狼毒花在圆圆的灌木丛中挺拔绽放。在这片美丽的草地上，我们兴奋地来回走动，天空灰蒙蒙的，周围是一簇簇湿润的花朵。

　　我们向山谷尽头前进，在那里看到了高高的岩壁，这是真正的裸岩，阿角沟到了！在蜿蜒的山腰间，有一片芥末黄的草甸，放眼望去，草甸与对面昏暗的森林相连。

左图：
法瑞尔在迭山及
周边地区发现的
无莛川西绿绒蒿
（*Meconopsis
Psilonomma*）[2]
—
右图：
法瑞尔在迭山及
周边地区发现的
长叶绿绒蒿（*M.
lepida*）[3]。无莛
川西绿绒蒿、长
叶绿绒蒿在 2017
年由日本绿绒蒿
研究专家吉田外
司夫与中国科学
院昆明植物研究
所孙航再次确认

最后，我们在小山丘后找到一处荒废的房屋，这便于我们搭建营地。从这里朝每一个方向望去，都能看到巨大的山脉和峡谷。

我们沿着村庄后面的幽谷前行，先看到浅滩和柳树林，然后进入树木繁茂的植物丛中，那里是高大的丛林，地上长满了狗尾草，小溪两边的地方点缀着白色或金色的委陵菜属植物。

从石峰往上走，小灌木丛出奇地可人，荫蔽的斜坡上是林地报春花，小树林中有连绵的草坪。清

①吉田外司夫（Toshio Yoshida，1949—2021），出生于日本石川县金泽市，植物摄影家，植物研究家，喜马拉雅植物研究会会员，梅可诺普斯集团（英国）名誉会员，著作有《花之喜马拉雅》《天之花回廊——喜马拉雅·中国横断山脉的植物》《喜马拉雅——植物大图鉴》和《绿绒蒿大图鉴》。
②*Meconopsis Psilonomma* 已修订为 *M.henrici*，译为无莛川西绿绒蒿。
③*M.lepida* 已修订为 *M.lancifolia*，译为长叶绿绒蒿。

银杉深处就是苍翠陡峭的山脉，而在我们脚的前方，碧蓝的河水蜿蜒至宽阔的草坪上

苞芽粉报春（*Primula gemmifera*）开着淡粉色的可爱的圆形花朵

晨，露水浸透了铺满一簇簇鲜花的草坪，偶尔能看到罕见的报春花（苞芽粉报春，*Primula gemmifera*）开着淡粉色的可爱的圆形花朵。这些花朵似乎是流浪的孩子，栖息在河边，又时常跳跃到更宽阔的地方。

走出幽谷，我们进入了一片阴暗的高山林地。我们在林地中摸黑前进，身侧就是深深的沟壑。这条路充满了不确定性，我们只得与成堆的灌木丛和倒下的树干玩捉迷藏，一边探索一边前进。我们穿过忽高忽低的灌木丛，好不容易来到低处废弃的河槽，却又不得不爬到另一侧的开阔草坪上，草坪上面是高耸的山脊，好像大房子一样，要将我们包裹起来。再往上，就是耸立的山体和崖壁。

这里海拔较高，我们只好停停走走，缓慢前行。大片山坡布满了被水汽浸湿的花花草草，有成片的火绒草和紫菀，有令人目不暇接的各种报春花，如紫罗兰报春、岷山报春、胭脂花报春、甘青报春，还有一种身份不明的开黄花的紫罗兰报春。海拔越来越高，天空逐渐晴朗，我们沿着一条平缓的路线向前行进。

我们越过一片又一片鲜花满布的丘陵，攀爬上了一块岩石，那里有

高耸的山脊好像
大房子一样，要
将我们包裹起来
摄影：闫昆龙

一片柳树林，树林里长满了绚丽的杜鹃花，粉红色的鬼箭锦鸡儿花朵点缀着山脉，危险而多刺的树枝上遍布翠绿的叶子，生机勃勃。我坐在一片灌木丛中，吃着饼干，眺望着远方。

眼前的景象令我震惊，满眼翠绿却透着无尽的荒凉，我无法用语言表达。目光所及之处，是一片禁区，两条银线般的河流在这片望不到头的翡翠之地缓缓流淌，流向只有石灰石岩峰的无人之地。不过我们还要向上攀登。不久，我穿过草地上美丽蓬松的圆形花朵，超过了我的向导，到达第一个悬崖口，看到了通往主山的路。

为了更快到达第一座主山顶峰，我们选择攀爬

上图: 火绒草属植物 (*Leontopodium* sp.)
下图: 紫菀属植物 (*Aster* L.)

上图：云层下面显露出的威严石山，岩石上生长着绚丽的杜鹃花

下图：粉红色的鬼箭锦鸡儿（*Caragana jubata*）

HERB. HORT. BOT. REG. KEW.

Aster souliei Scapf

Cult. Hort. Kew.   15. vi. 1924.

Presented on behalf of the Royal Horticultural Society
by the Editor of the Botanical Magazine

Bot. Mag. t. 9123.

法瑞尔在迭山采集的缘毛紫菀（*Aster souliei*）

几乎是直立面的岩屑堆。头顶上方是悬崖和尖峰，我第一次真正窥见顶峰的真容：大概四分之一英里处，约500英尺高的悬崖峭壁从深深的草丛和陡峭的山脊上拔地而起。

我懒洋洋地在那里躺了很长时间，沉醉于这一天所看到的美景，直到心满意足，才不得不前往最后一道防线。后来，我们在一个悬崖后方发现了一条隐蔽的水沟，虽然悬崖上腐朽的岩石阶梯很陡峭，却是通往山顶的重要通道。如我所料，虽然才八月，山顶落有积雪的沼泽草地已成了棕色。薄雪覆盖着草地上紫花黄蕊的紫菀，紫菀毛茸茸的，闪着光亮。

虽然云层笼罩着山脉，但我们从山顶看到的景色是极好的。因为这座岩石山峰是这片"东方阿尔卑斯山脉"的"王者"，其他山峰无法与之相比。连绵的绿色山脊非常罕见，站在这里，能清晰地看见北方的卓尼。

山峰从远处巨大高耸的石头山脊上立起，如此宏伟而陡峭的石灰岩悬崖像巨大的尖塔一样耸立，令人叹为观止，误以为是"马特洪峰"[①]的奇妙

---

① 马特洪峰（Matterhorn）位于瑞士，是阿尔卑斯山最著名的山峰，也是瑞士的象征。很多欧洲人会借用这些知名山峰为其他山峰命名。

红色岩壁绵延相连
摄影：鲍仁坤

岩山从远处巨大高耸的石头山脊上立起，如此宏伟而陡峭的石灰岩悬崖像巨大的尖塔一样耸立，令人叹为观止

景观。正当午，我躺在草坪上，在太阳的光辉下欣赏这迷人氤氲的景色，禁不住感慨这里不逊色于世界上的任何一座名山，更可与意大利多洛米蒂的西蒙德拉帕拉峰相媲美。

我回过神来，和向导沿着悬崖峭壁向下爬行，借着阳光找到了一条更好的通道。我们没有探寻底部的幽谷，而是继续沿通往山顶的路前行。穿越洼地、林间空地和刃脊般的山峰，进入花的海洋，那里有波尔登发现的蔓茎报春，在林间空地上总能发现它们美丽的身影。

如果我没猜错，在这片谷地里，至少有五种报春簇拥在长势繁茂的雪山报春种群以及岷山报春和胭脂花（报春花属）周围。它们全方位地展示了其特征，如果家里没有草原，是无法驯服这些"野马"的。

这里的粉葶报春华丽而又茂盛，有肥厚的根茎和卷心菜莲座状的叶子。它们喜欢与山上粗粝的草地争夺养分，草地也尽其所能汲取多余的水分。在快速生长的季节，这些柔弱的植物更需要水分，但是这里肥沃的土壤和丰富的植被使得水循环加速，即使在降雨丰富的夏季，植被根系不会因为雨水丰沛而腐烂。

我们沿着美丽的小灌木丛往上走，来到一片盛开着紫菀和紫鼠尾草的林地，这里四处都是茂盛的小草丛。在我们右上方的森林下面，连绵的山腰上长着红桦，紧接着是落叶松。山谷的左侧全是绿草，时而会

法瑞尔拍摄的不
同种类的报春花：
1.独花报春
（*P.violagran-
dis*）
2.心愿报春
（*P.optata*）
3.蔓茎报春
（*P.Alsophila*）
4.黄花粉叶报春
（*P.citrina*，已
更名为*P.flava*）

有悬崖峭壁和并不狭长的山谷，碧蓝的河水在树木
茂密的山崖两侧缱绻而下。

沿着小溪边的绿油油的山坡行走，心情愉悦，
蔓茎报春结满了种子，傲立在高大茂盛的草滩或棕
色莎草之上。

在我们上方，越来越高的山峰隐约可见，我们
正在向"马特洪峰"挺进。现在，这片土地是绝对
的无人之地，甚至听不到从山坡或低谷处传来的牛
叫声。

圆瓣黄花报春（*P. orbicularis*） 摄影: 花间

落日下的山峰

到达主山谷后，我们掉转方向，来到一处侧面的峡谷，往上走了一点，便进入了一片隐蔽的宛如庇护所的林间空地。这其实是一片宜人的河谷。幽谷中是一片茂密的草坪，我们身后是高耸的山脊，直通向主山。我们来到主峰的姊妹峰，只见一片漆黑的森林，从高处俯视，"多洛米蒂"在向我们招手。

安营扎寨后，我爬上了绿草如茵的陡峭山坡，勘察了对面森林山脉的情况。虽然这里看不到"马特洪峰"的任何迹象，但在头顶上方，却能看到延伸出来的绵延相连的红色岩壁。在灰蒙蒙的天气里，一会儿变成模糊的紫色，一会儿又成了光秃秃的石灰岩悬崖,而河水与它的躯体缠绕,流向神秘的峡谷。这是我们在黄昏时分看到的景色,格外迷人。

我们沿着干草路行进,整个路上,我喜爱的紫色紫菀睁着朱红色的大眼睛注视着我们。随即我们又穿过一片湿润的小灌木林,这里其实是洪水过后形成的一连串湖泊,而一株红花绿绒蒿像沉思者一样,垂着脑袋。

最后,我们置身于巨大悬崖的阴影中的峡谷入口,虽然峡谷看起来很威严,悬崖上遍布的蓝紫色天蓝韭(*Allium cyaneum*)却极尽温柔。

这是块遗落千年的岩石,跌落成碎块,堆成石柱,草甸绿绒蒿在昏暗的天气里格外耀眼。灌木丛下面的苔藓上,有一株小报春花,令人费解。

又走了几百码的距离,几乎到了山谷的尽头,清澈的河水在峻峭的山谷中逼仄而行,狭小的空间容不下一物,但是从清澈见底的河水中突然升起的石灰岩,似乎聚在头顶上方。在这般狭小、潮湿的空间里,从上方开阔山谷中匍匐而来的溪流宛如幽灵。

石山的大门后边,只有山脊一望无际的荒凉。悬崖峭壁上悬挂着拟耧斗菜花和虎耳草的银白色小花,这与凶险的环境十分不符。我们站在冰蓝色洪流的边上,窥探狭窄入口处的群山。令人激动的是,

法瑞尔拍摄的天蓝韭
(*Allium cyaneum*)

红花绿绒蒿（*M. punicea*）在林间空地像沉思者一样，垂着脑袋

缘毛紫菀
（*A.souliei*）
摄影: 花间

蓝紫色天蓝韭
（*Allium cyaneum*）极尽温柔

山谷异常寂静
摄影：闫甚龙

悬崖峭壁上悬挂着的拟耧斗菜
(*Paraquilegia microphylla*)

100 多年后, 拟耧斗菜(*Paraquilegia microphylla*) 依然生
长在这片土地上 摄影: 花间

我们几天后就会看见它们神秘的面貌。接连几场大雨让河水猛涨, 不管是人还是动物, 都望而却步。只有等洪水退去, 我们方可突破重围。

我们只好回到营地, 在营地中稍作休整。当夜幕降临, 只能看到几棵像幽灵一样的树。整个营地异常寂静, 我们在营地生起篝火, 谈笑声驱散了群山野岭间的寂静。在这广阔的深山, 我们的欢笑声响彻四方。凌晨, 浓雾笼罩着群山, 世界一片灰寂。

不过有人说:"如果乌云散去, 太阳出来, 那无疑是万分美好的一天。"听到这样的宽慰, 我决定继续出发。我和我的向导决定继续攻克主山。波尔登前往红岭的另一个山脊, 他决定在刃岭与我会合。从幽谷往上走, 穿过湿漉漉的杜鹃花丛, 我们便来到一片林间空地, 但是在第一个悬崖下, 我们被一处弧形的石灰岩壁挡住了去路, 它看起来比马勒姆山丘①的规模更大。幽谷里的溪流从石缝中流出，蜿蜒而下，我们也顺势而下，不知走了多久，一片幽谷突然出现在眼前。如果走宽阔的大道，是绝对看不到这样的景色的，除非长了翅膀。

　　我们只得向左行进，沿着干草坡向上攀登。这些干草像在湖水中浸泡过一样，又湿又潮。天空下起了淅淅沥沥的雨，这种苏格兰式的潮雾让人浑身不舒服。我们穿过茂密的丛林往上走，完全被青绿

悬崖峭壁上悬挂着的虎耳草（*Saxifraga stolonifera*）银白色的小花，这与凶险的环境十分不符

①马勒姆山丘是英国一处著名的步行者的圣地，那里有一道弧形的高 80 米的石灰石山壁。后来由于哈利·波特系列电影在这里取景，名声渐显。

色草丛的湿气所笼罩，青草的清香让人陶醉，我们暂时忘记了令人不适的潮湿感。

我们攻克了连续不断的岩屑堆，又翻越岩石跌落的悬崖，踏着石头缝隙中萌芽的绣线菊和委陵菜，历经艰难险阻，终于到达了第一层悬崖的顶端。站在悬崖顶端，我们发现已置身于碧绿的草地中，巨大的瀑布倾泻而下。这座垂直的山体，直耸入云。草丛中遍布红花绿绒蒿，在这阴郁的天气里，沉重的雨滴也压不垮它的高傲。

我观赏着一束与众不同的绿绒蒿，沉思片刻，抬起头来，突然看到头顶上方的陡峭崖壁消失在黑压压的乌云中，我们只好再次穿过被浸湿的干草向山脚走去。我们在群山中摸索前行，红花绿绒蒿点缀在干草中，神秘而扑朔迷离。我看到深红色的花朵铺满了整个山坡，走近了才

发现那只是红色的马先蒿属植物。这种植物极为狡猾, 其根部脆弱又霸道, 寄生在其他植物根部。

从山体侧面向下行走, 仿佛从不知高度的云梯上降落。山上倾泻下来的水流汇聚成涓涓溪流。任何华丽的词汇都无法描述这些山脉的规模, 只有置身其中, 穿梭在脚下是巨石嶙峋的群山中, 攀爬在身侧是万丈深渊的悬崖间, 才能体会到那种凶险和刺激。

更高处的山坡上是更精致的草坪和花朵, 层次丰富而与众不同。

低处则是玫瑰色和藏红色马先蒿的世界, 猩红

红色的马先蒿属植物 (马先蒿属，*Pedicularis L.*)
摄影：扎扎

色的绿绒蒿花朵在柔和的紫菀花海洋上自由摇曳。眼前的深渊，上不着天，下不着地，在轻薄的雾色中变得模糊又苍白，我们踏在一条柔软的草皮楼梯上，踩着被雨滴浸透的彩虹似的花朵艰难前行。

　　已经看不到蔓茎报春和胭脂花了，甘青报春却垂着大脑袋摇晃着身躯——奇丑无比啊！肥硕的茎上长着一双巧克力色的大眼睛，让人挪不开眼睛，这让我想起了八月初高山草地里婀娜多姿的报春花。那是苞芽粉报春，它会在你辛苦赶路时用它可爱的粉红圆脸向你微笑。

　　即使在兔子筑造的巢穴旁，它仍是那么茂盛，甚至遍布在草丛中，

上图:
甘青报春
（*P.tangutica*）
摄影: 冯虎元

左页图:
巨石嶙峋的群山
摄影: 秦同辉

填满了整个草坡。周围是密密麻麻的美丽的花朵，有紫色的小紫菀、淡金色的虎耳草、一簇簇柔软的水蓝色龙胆草。火绒草和天蓝韭柔软的绒毛球为这草滩万花筒乐园又增添了一抹亮色。

我整理好衣服，低头看到了那丛长了种子的植物，这似乎是一个新物种! 直觉告诉我，这种植物不仅对我，而且对科学界来说也是一个新物种——*M. psilonomma*①。

可以通过简单的方式证实这个发现，因为诸如报春花科的重要花卉已编入了类似于"欧洲王室家谱年鉴"的族谱中，每一个已发现的物种都会被完整而科学地描述。因此，采集者可以快速了解他发现的每一株报春花科的植物的特性。如果他储备了丰富的植物学知识，在辨认新物种时就不太可能出错。在这里的高山草地上看到它是一件荣幸的事情，因为我从未在其他地方见过它。

在到达山脊之前，我们迷失在一片薄雾中，在朦胧的月光中，山坡上所有的花朵都露出了笑脸。最后一个山坡比其他山坡都要陡峭，山坡前有一个

①法瑞尔发现的物种——*M.psilonomma*，名称已修订，更名为 *M.henrici*，即无莛川西绿绒蒿。

长满草甸绿绒蒿的石阶，这条石阶一直延伸到山顶。我四处徘徊，没看到什么新鲜花卉，山顶的阵阵寒风，冰冷刺骨，让人发晕。既然已无法与波尔登会合，我只好往下走，摆脱这云山雾罩后，我还能辨别方向。

我做好决定后便开始往下走。我刚摸索着走出来，就看到不远处有一个我从未见过的山谷，水流的声音穿透了寂静的山谷。我反复研究行进路线，谁知道还是走错了路，不得不再次向上攀爬，从另一边走下山坡。但是我并不沮丧，高山的冷风拍打着我，虽冰凉刺骨，但在云雾缭绕中迎着细雨行进，却也十分快乐。

虽然已经很累了，但是看到草甸绿绒蒿倔强地站立在岩山上，我备受鼓舞，加快了前进的脚步。渐渐地，薄雾退去，我看到了脚下的山谷，也看到了山谷上方的营地。一路上，雨滴未停，厚厚的云也未曾退去。营地既安全又安静，不久，波尔登也探险归来。

我们坐在那里赏雨，谈论这雨还能下多久，因为现在并不是雨季。难道是仙女在啜泣，万物为之动容，湿了衣襟？此时是 1914 年 8 月 4 日，我除了担心雨水会淹没通往峡谷的路之外，一切并无大碍。

左页图：
法瑞尔发现的新物种——*M.psi-lonomma*
供图：孙航
吉田外司夫

　　法瑞尔躺在营地赏雨的时候，他没想到会在舟曲经历一些更有趣的事。是年，舟曲发生了土匪围攻县城事件，法瑞尔和波尔登协助当地人对来犯土匪进行还击，并取得胜利，还因此被录入《舟曲县志》，成了当年舟曲的大事件。县志记载：

　　　　王国昌（秀才，俗名背锅儿）和杜坝秀才杜世忠组织"提团"袭扰西固县城，被外国人卜尔登和法朗尔持枪击溃。王杀害，杜脱逃。

　　县志中的"卜尔登"和"法朗尔"就是波尔登和法瑞尔。两个外国人不远万里来到中国的偏僻县城，还被录入县志，这是极为罕见的。

　　除此之外，法瑞尔还在舟曲帮助一位美国人摆脱了困境。不得不感叹这一年的舟曲真是热闹。

左页图：
仙女在啜泣，万
物为之动容，湿
了衣襟
摄影：秦同辉

———

下图：
依山而建的舟曲
城墙。法瑞尔和
波尔登正是在此
处协助当地人战
胜了前来侵犯的
土匪

这一年，除了法瑞尔和波尔登，美国的植物学家弗兰克·尼古拉斯·迈耶（Frank Nicholas Meyer）[1]也在这里考察。迈耶是美国农业部派遣到东亚进行新植物探索与发现的探险家，他重点考察、培植经济作物，为美国农业和园艺业的发展做出了重大贡献。迈耶柠檬（也叫北京柠檬）就是以他的名字来命名的。其著作有《中国果园的农业探索》（*Agricultural Explorations in the Fruit and Nut Orchards of China*）和《弗兰克·迈耶——亚洲"植物猎人"》（*Frank N.Meyer, Plant Hunter in Asia*）。

迈耶在舟曲的经历并不愉快，他不懂汉语，又因琐事与翻译和向导的关系极为紧张。有一天迈耶和向导产生摩擦，向导意外从楼梯跌落，此次事件惊动了舟曲官府，迈耶也因此吃了官司。

在迈耶束手无策时，法瑞尔出面调停，这件事才得以顺利解决。由此可见，法瑞尔在舟曲的人缘相当好，不仅能得体地处理和官府的关

①弗兰克·尼古拉斯·迈耶（Frank Nicholas Meyer，1875—1918），出生于荷兰阿姆斯特丹，美国植物学家。

系，还取得了当地民众的信任。

法瑞尔离开后，迈耶以法瑞尔的住所为基地，对舟曲南部和西部进行了为期两周的采集，并在临潭发现了俄国探险家波塔宁记叙过的野桃子和野杏。同时他也注意到了迭山优美的景色，还拍摄了许多珍贵的照片。

通过在迭山一带的采集，迈耶和波塔宁都证明了桃子和杏子是由不同的品种进化而来的，而且都是中国半干旱地区的特产。这个发现甚至推翻了达尔文的结论，因为在达尔文写作的时候，野外并没有发现桃子。迈耶在《弗兰克·迈耶——亚洲"植物猎人"》中写道，达尔文曾说桃子和杏子来自同一种植物，桃子是杏子的一个变种。

让我们继续跟随法瑞尔的脚步前行。

正因如此，第二天趁早上天气不错，我便赶紧寻着波尔登的探险之路，爬上右边的红岭，趁机瞥一眼他从山顶采回来的老鹳草。我们爬上了营地对面的树木繁茂的斜坡上方，登上了主峰前的巨大岩山，而后沿着山脊顶部攀爬，一座山连着一座山。我们先攻克巨大的断崖，又穿过逶迤曲折的红花绿绒蒿丛来到红岭脚下。抬头仰望，头顶上是被成片的杜鹃染得鲜红的山脊。

我休息了一会儿，端详着这令人愉悦的景色。从这里望去，满眼翠绿，草地边缘是暗黑的丛林。现在我们必须向红岭前进！陡峭的石坡和满是泥土的山脊上看不见草木，通往山顶的道路也是一片荒芜。

我欣喜地在草坪上漫步，享受这一天最美好的时光。

尽管云层挡住了高处的景色，但远处被雾气笼罩的绿色的山顶变得

正在进行植物采集的弗兰克·尼古拉斯·迈耶（Frank Nicholas Meyer）

分外绚丽；从云雾中偶尔能看到石灰岩巨石山峰就在前方，我想那就是"马特洪峰"了，它在云雾中若隐若现。向右前方望去，能看到云层深处暗红色的陡峭的尖峰。

前行的道路两侧几乎看不见鲜花，在山顶的草地上，如剑刃一般的狭长地带铺满了白色的矮点地梅（*Androsace chammjasme*），而星形的委陵菜探

着好奇的脑袋，样子十分可爱。在陡峭的红土坡上，一大簇苞芽粉报春在湛蓝的婆婆纳中绽放；一朵开着大花的繁缕（*Stellaria media L.*）在光彩照人的大地上摇曳着，高贵的花朵像被晕染过，一簇一簇地点缀在细长的黑色叶子上。当真正到了山顶，才发现它们是下方赤褐色岩石上的老鹳草属植物（*Geranium L.*）。我从松软的草地上滑过碎石堆，除了老鹳草再没有看见其他植物和花卉了。

越接近陡峭的山脊就越荒凉山脊的尽头是一连串裸露的石灰岩。石坡路越来越陡，我们得翻越一座座山岩。"马特洪峰"那令人无法抗拒的幻象就在眼前，我真希望我能马上臣服在它的脚下。

到处都是悬崖峭壁，每一处裂缝中都生长着茂盛的委陵菜，它为这灰暗的世界增添了生机与色彩。我们突然发现无法前进了，前路被悬崖

上图:
"马特洪峰"在
云雾中若隐若现

左页图:
甘青老鹳草
（*Geranium
pylzowianum*）
摄影: 冯虎元

阻断，且两侧也是悬崖，根本无法到达悬崖底部，而只有到达悬崖底部，才能到达"马特洪峰"山底。

它似乎悬在山脊之上，像一团黑影隐匿在云层中。

霎时，乌云的黑暗逼临山脊，右侧巨大的石灰岩山峰隐入其中。我们向下行走，从另一侧去探寻红色岩屑堆上遍布的那一抹瑰丽的蓝色。在我站的高度，也能看见这美轮美奂的景象。我时刻环顾四周，唯恐遗漏这世间美景。

天气越来越恶劣，我们的进程也越来越糟糕。可能是上天悲悯人间，从早到晚都在哭泣，我们唯

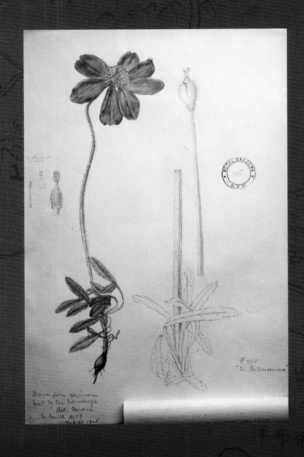

法瑞尔绘制的无莛川西绿绒蒿（*M. psilonomma*），现藏于邱园
供图：孙航 吉田外司夫

乌云的黑暗逼临
山脊，右侧巨大
的石灰岩山峰隐
入其中

一能做的就是维护营地，稳定人心。雨后的清晨，拖车如约而至，我们又向山谷深处行进。

蹚过一条条河流，攀爬过一座座峭壁，时常能听到山石滚落的声音。护卫人员一边唱着山歌一边前行，气氛相当融洽。周而复始，我们前后穿行了19次之多，有时候从山上流下的洪水会填满河道，在封闭的峡谷中蜿蜒旋转。山谷绵延几英里，却并不单调，穿过石灰岩山脉后，你便置身于砾岩峡谷隆起的红色石块，好像糖块做成的城堡，已被雨水冲刷得不成样子。阳光不时地照耀在我们左边的林间空地上。

顺着洪水流过的方向望去，那里有茂密的小树林，在悬崖下逶迤生长，湛蓝的河水在此处变成奶白色。暗黑的山壁下则鲜有灌木林，而苞芽粉报春又把它们的家从山地搬到了这片开阔的崖壁上，这为这片阴暗的山谷增添了不少姿色。

事实证明，这条逼仄的峡谷并不是从迭部到卓尼的常用道路，常用道路不可能修建在洪水泛滥的峡谷之中。我们走了很长时间才看见通往迭部的道路。如果再深入山腹，有一条路延伸向上，能通往陡峭的山中小径，那里的山谷简直是英格兰约克郡英格尔伯勒峰的缩小版。穿越灌木丛，向上攀登到郁郁葱葱的山顶，这片美丽家园，就能尽收眼底。

近处的风景要柔和得多，连绵起伏的田野点缀着丛林，那巨大的赤褐色砾石城堡状壁垒挡住了眼前的一切。如果你敢于挑战这些沟壑，天黑之前翻越另一面的险山，你就能到达山顶，看到那宽阔、平坦的通往迭部的路。穿过山顶支离破碎的瀑布，会通向一个完全不同的世界——因为那里没有巨大的山体。

在天黑之前，我们发现了几条延伸到高处的绿意盎然的阶地。从暗黑的小峡谷里出来，就能看到谷中的溪流闪闪发亮。在潮湿的岩洞和长满苔藓的崖涧里，紫蓝色草甸绿绒蒿与裂瓣穗状的报春簇拥在一起。

路过沁人心脾的美景，我们又折上山丘，顺着遍布岩屑堆的峡谷爬上了险峻的刃岭。那山脊的锋刃像两排尖牙，中间有一片郁郁葱葱的林间空地。直到午后，我们才确定了所在位置，看到了一些居民，也明确了次日的方向。

依着夕阳的方向，我们回到了营地。万籁俱寂的夜晚，俏皮的月亮在深蓝色的夜空中游荡，银色的月光将黑暗一扫而尽。如此优美的夜景，怕是爱丽丝仙境中的小睡鼠也不曾见过。

深色巨崖从高地
延伸出来，拦住了
去路

　　我们尽早起身，在黎明时分朝山脊前进。详细
勘察了第二号尖峰和第三号尖峰间的山路后，我们
并没有选择穿越营地旁的峡谷，因为我们想攻克一
号尖峰和二号尖峰间的主山。沿着峡谷向上走，峡
谷尽头的崖壁上是大片的杜鹃花，我们只能借助长
绳索，连拉带拽地往上爬，偶尔停下来，在斑驳的
光影中凝视脚下的那个世界。

　　最后，我们终于爬到了山顶，站在了群山之巅。
在这里，你能看到一片片冷杉和杜松，宛如中国山
水画一般，美不胜收。

　　我们在此处分开，波尔登在向导的陪同下带着
相机翻过山头，往一号尖峰和二号尖峰中的小山谷
走去，而我沿着山脊继续前行。那里可以看到二号

在万籁俱寂的夜晚，俏皮的月
亮在深蓝色的夜空中游荡

在迭山兜兜转转，在扎伊克噶附近拍摄了这张照片

尖峰，塔山悬崖脚下的楔叶委陵菜闪着金光，报春花属、老鹳草属草甸绿绒蒿栖息在悬崖上。

假如我没有探索悬崖底部的山谷和错综复杂的崖涧，也就不会有新的收获。最后，我的心跳快停止了：我看到一簇报春花挤进了裂缝！可惜只有裂瓣穗状报春。在高海拔地区的岩石带上，它们竟变得如此小巧。

我继续向山顶攀登，寻着人迹可至的路。几乎是徒手攀岩，简直像登天梯。还没等我反应过来，就已经在顶峰了。站在山顶，可以清晰地看见每一座山峰。

暴风雨欲来，厚积的云层并未遮住群山的轮廓。几英里开外才是石山，坚不可摧的石灰岩形成了尖峰、岩壁、堡垒和石峰。波光粼粼的水面、连绵不绝的山峦和平静的山谷，使人流连忘返。寂静的山坡上既看不到吃草的牛群，也看不到牧牛人，几乎无人涉足此地。

城墙般的岷山比我知道的任何山脉都更能给人一种震撼。黑暗总是笼罩着此地，甚至连河流也害怕了，以最快的速度奔向远方。岷山是长江流域和黄河流域的一段分水岭，其以南的河流都流向长江，而以北的河流皆奔向黄河。

厚积的云层并未遮住群山的轮廓，坚不可破的石灰岩形成了尖峰、岩壁、堡垒和石峰
摄影：秦同辉

大块破碎的石灰石刃岭令人咋舌，从山顶往下看是万丈深渊，成片黄白相间的委陵菜却很妩媚。

我躺在山顶上回想着所见的美景，令我欣慰的是这些北部地区的植物种群非常丰富，岷山山麓为我们提供了这些珍贵的样本。

毫无疑问，没有一个探险队会花费大量的时间前往遥远的荒野中考察岷山。此时，我看到波尔登往左下方的斜坡走去，他将苏格兰短裙撑开，弯腰举着相机拍摄，黑色的头巾在风中飘荡，其他人

1

2

3

法瑞尔此次考察拍摄的植物:

1. 高山植物刺旋花(*Convolvulus tragacanthoides*)

2. 高山植物雅江点地梅(*Androsace mucronifolia*,已更名为 *Androsace yargongensis*)

3. 高山植物黄花杓兰(*Cypripedium luteum*,已更名为 *Cypripedium flavum*)

4. 高山植物六叶龙胆(*Gentiana hexaphylla*)

5. 狭苞紫菀(*A.farreri*)

6. 五脉绿绒蒿(*M.quintuplinervia*)

7. 少花顶冰花(*Lloydia alpina*,已更名为 *Gagea serotina*)

4

5

6

7

站成一圈，为他抵挡从山顶呼啸而来的大风。我焦急地等待着，希望他能有新的发现。最后，我听到他的呼喊，原来他发现了一株草甸绿绒蒿。

我们沿着岩石山脊向上爬，又顺着岩石间潮湿的狭缝走到了尖峰的底部，那里布满了报春花和草甸绿绒蒿。最后我们成功登上了更远处的刃岭。赤褐色的卵石坡上，小熊紫菀（A.kansuensi）[1]比以往任何时候都光彩夺目。美丽的委陵菜在山顶闪着星宿般的金光，翡翠般的叶子托着花朵，光滑而细嫩。

从这里看，山顶群峰向右等距离延伸至第二座尖峰，美丽的高山草带覆盖至山顶，山顶两边深不见底的悬崖上铺满了金色的委陵菜，蓝色的紫堇（紫堇属，Corydalis DC.）装点着土黄色的岩屑堆，紫色的毛茸茸的翠雀（翠雀属，Delphinium L.）吸引来了山里的蝴蝶。盛开的紫菀、圆脑袋的天蓝韭、草甸绿绒蒿，还有各种小昆虫为这寂寥的土地增添了不一样的色彩，高贵的紫色翠雀惹人怜爱。突然，山脊顶端出现了一片鼓着大包的草地，无心菜

上图：
紫堇属植物
（Corydalis DC.）
摄影：闫昆龙

左页图：
疏花翠雀花
（D.sparsiflorum）
摄影：冯虎元

①A.kansuensi 已更名为 A.flaccidus，译为萎软紫菀。

（*Arenaria Linn.*）和龙胆草（龙胆属，*Gentiana L.*）点缀其中。行至此地，我们才意识到四面皆是悬崖，已无路可至三号尖峰，此时天色已晚，风雨将至，众山皆笼罩在阴霾中。

　　山雨欲来，天空越来越阴沉，赫然耸立的石山比以往任何时候都冷峻。要赶紧下山了，我们不得不再次寻找下一个可能通往刃岭的路线。我们顺着绳索笔直地下落到主峰下的石坡，然后沿着峡谷而下。

明亮的篝火将头顶的悬崖照映得绯红，黄昏的余晖散尽，繁星闪烁，似乎想赶走遮蔽它们的云层。等云层散尽，星空又恢复了往日的璀璨

　　四处的悬崖挡住了我们的去路，另外两座耸立于眼前的巍峨的尖峰打消了我们攻克山脊的想法。我们只好沿着青草遍布的山峰返回到一号尖峰与二号尖峰的山脊，顺着岩屑堆向我们错过的瀑布上方的山谷行进，这沿途之景可真是美不胜收。

　　有人跌跌撞撞地从险峻的岩屑堆向下滑，山石滚滚，兴奋的同伴在岩屑的尘土中紧跟其后，向导踉踉跄跄地走下来。

　　我们从岩屑堆上滑下来，波尔登正专注地拍摄翠雀和紫堇。我沿着陡坡走，一边走一边收集了几株心愿报春，它们与粉葶报春宽大稀疏的根茎完全不同，拔掉它们就像拔草一样。当我坐在一个青草遍地的小山丘上观赏它们时，这些小雕像般的花卉似乎已经过了一个世纪。它们温柔的身影委身于岩屑堆中，如繁星一般装点着石坡。

　　我们一路小跑。天色转暗，黑云密布，已经下起了雨，真担心被困在山中。我们越过一座座峡谷，沿着瀑布边的陡峭山路前行，来到遍布赤杨（*Alnus japonica*）、柳树（*Salix* L.）和杜鹃（*R.L.*）的山林深处。天气变得闷热潮湿，大家不停地采摘野草莓。

　　不久我们又回到莎草遍布的山谷，开心地向营地走去，"马特洪峰"在雾气氤氲中目送我们远去，山脚下能隐约看到它的轮廓。

风吹过迭山，是否会记得 100 多年前午后山坡上的植物学家？爱丁堡皇家植物园来自迭山的花木是否还记得它的故乡？

丰富多彩的一天又结束了，我们回到营地休息。明亮的篝火将头顶的悬崖照映得绯红，黄昏的余晖散尽，繁星闪烁，似乎想赶走遮蔽它们的云层。等云层散尽，星空又恢复了往日的璀璨！

皇家地理学会因法瑞尔重要的植物发现，在1920年为其颁发了"吉尔功勋纪念章"。

约克郡山谷国家公园的一条小径上种植着法瑞尔引进的一些植物，爱丁堡皇家植物园植物标本馆内也陈列着法瑞尔的田野调查笔记和其他档案资料。

斯人已去，他在异域采集的植物却生生不息，繁茂生长。

山风吹过迭山，是否会记得100多年前的午后山坡上的植物学家？爱丁堡皇家植物园来自迭山的花木是否还记得它的故乡？

乔治·爱德华·佩雷拉
（George Edward Pereira）
英国准将
旅行家和探险家

第 **5** 章

Teichman & Dereira

隔绝南北的天堑，这里来了外国人

台克曼心中的天堑，
佩雷拉的松潘北上之路

艾瑞克·台克曼
（Eric Teichman）
英国外交家和旅行家

（地图文字）
渭县
清水县
甘谷县
天水市
礼县
西和县
两当县
成县　徽县
西汉水
陇南市
康县
嘉
陵
江　江

1916年，英国的艾瑞克·台克曼（Eric Teichman）①爵士受邀到陕西、甘肃两省考察，为修建陇海铁路做准备。台克曼爵士以西安、兰州为中心分别向四周行进，他从河南进入陕西，从西安翻越秦岭抵达安康，向西经过汉中再次翻越秦岭到达凤翔、延安，再返回西安；后南下成都，北上兰州，再向南经过天水、临潭、卓尼至拉卜楞寺后返回兰州，又北上考察了阿拉善地区、宁夏等地。

台克曼爵士将这段经历写入《领事官在中国西北的旅行》（*Travels of a Consular Officer in North-west China*）一书。此书详细记录了中国西北的自然和文化，包括地形、水文、气候、土壤、植被、动物、产品、商业、交通、宗教、生活方式、城镇、村庄、人口等信息，成为研究历史地理学、社会学、民俗学和人类学的重要资料。他在临潭、卓尼一带向南看到迭山后，感触颇深，故在作品中写道：

> 甘肃省，汉族、藏族、回族、蒙古族聚居地，是中国最具有吸引力的地方。
>
> ……
>
> 从宕昌县的理川出发，沿着一条向西北延伸的支沟行进，通行至一处碧绿的关隘，再往前行进5里左右就能到达山顶。站在这里能看到岷山向西南逶迤而去的白雪皑皑的石脊，十分壮丽。
>
> 据说，印度测量局的军官曾在中国进行过测量。但是在甘肃和陕西

---

①艾瑞克·台克曼（Eric Teichman，1884—1944），英国外交家、东方学家和旅行家，因其在亚洲一带的广泛旅行而知名。

等地方的测量结果出人意料，结果表明甘肃和四川两省交界一带的雪山高度可能接近，甚至高于喜马拉雅山脉。

另一条朝南通往四川松潘的道路，需要在一个高山裸岩区域的巨大而怪异的山口翻越岷山，这个山口被称为"石门"。由于该地区是卓尼土司治理的辖区，旅行者几乎无法通行。从与卓尼相邻的洮州可以看到岷山的壮观景象：白雪覆盖的巨大山岩像堵石墙屹立在洮河南岸，锯齿般的山峰有16000—17000英尺高，这座山峰分割了长江流域和黄河流域。从这里开始，秦岭山脉向东延续直到河南的大平原上，分隔了以小麦为主食的北方人和以大米为主食的南方人。如果中国南方或北方发生战乱或自然灾害，这个巨大的天堑将成为两个地区的天然分界线。

台克曼离开后不久，甘南地区战事频发，来自遥远国度的传教士们不得不从岷州到临潭，南下扎尕那，再前往迭部的电尕。

1920年10月的一天，法瑞尔在缅甸进行植物采集时意外去世。他将舟曲视为乐土，在天堂的他会不会还想回到这片热土？

第二年，他的同行者波尔登也因为一次手术在

在宕昌、岷县一带的高处能看到迭山向西南逶迤而去的白雪皑皑的石脊，这里的景色十分壮丽

北京的法国医院去世。

探险者的步伐，并没有停止。

1921年，与史密斯医生分别多年后，英国准将乔治·爱德华·佩雷拉（George Edward Pereira）[1]来到了迭山，开启了跨度极大的旅行。他从北京出发，一路向西来到西安，向南经汉中抵达成都，再经过四川西部的康定、丹巴向北行至松潘、九寨沟一带，又继续向北经过甘肃的迭部、岷县、卓尼到达兰州，最后一路向西，沿青藏公路抵达拉萨。

佩雷拉把在中国的旅程记录在了日记里，这份日记由弗朗西斯·荣赫鹏（Francis Younghusband）整理成了游记《北京到拉萨》（*Peking to Lhasa*），书中详细记载了他的旅行路程和时间。

佩雷拉2月21日抵达洋布山，看到了气势宏伟的岷山；3月2日抵达卓尼，正好在春寒料峭的日子里路过迭山一带。佩雷拉在卓尼拜访了杨土司，他给杨土司的见面礼是一个可以手摇发电的手电筒。

在经过南坪县[2]后沿白水江[3]向西北进发，翻越海拔12800英尺的洋布山后来到了川甘交界的多尔沟。他叙述了在这里观察到的迭山景象：

　　洋布山是甘肃和四川的分界线，是白水江和白龙江的分水岭，在这里向西北方望去，能看到岷山一带的美景。近处的山峦覆盖着成片的冷杉林，远处是积雪的山巅，厚厚的积雪填满了岷山山谷。山北坡有3英里长的极为陡峭的路，通往北方的道路有一部分要穿过冷杉林，有一部分是湿滑的冰雪道路。通过这陡峭的3英里路程后，我们到达了一个有着小溪流的山谷村庄：洋布村[4]。这个村庄有55户藏族人家，我们住在这里的一座寺庙里，村里的村民都过来看热闹。

　　夜里下了一场大雪，天气异常寒冷，在这海拔 10400 英尺的地区，路面又湿又滑。雪过天晴后，天气转暖，第二天的行程极为顺利。2 月 22 日，队伍到达了有 150 位僧人的白古寺。2 月 23 日，顺多尔沟行走 10 英里，山谷两侧遍布冷杉和灌木，植被特别丰富。行走 10 英里后，从一个陡坡向上前行，到达海拔 9210 英尺、有 30 户藏族村民的科牙村。我们又住在了干净但阴冷的寺庙里。在这里，山峰周围是河谷，这些河谷顺着从西北到东南走向的海拔 10000—11000 英尺的山脉分布。

　　佩雷拉经过岷县后沿洮河而上到达卓尼，并拜访了卓尼杨土司。杨土司热情地接待了他们，还专门出城送别。

　　在结束北京至拉萨的旅程后，佩雷拉前往腾冲，并在 1922 年底遇见了也在那里的探险家约瑟夫·洛克。他将前往拉萨行程中的经历讲述给了洛克，并称阿尼玛卿山的高度可能超过珠穆朗玛峰，是世界第

①乔治·爱德华·佩雷拉（George Edward Pereira，1865—1923），英国旅行家和探险家。其经历极为复杂，是第一位从北京出发并徒步抵达拉萨的欧洲人。
②今四川九寨沟县。
③今四川九寨沟的白水河。
④今迭部县达益村。

近处的山峦覆盖着成片的冷杉
林，远处是积雪的山巅，厚厚的
积雪填满了岷山山谷
摄影：闫昆龙

一高峰。

　　几个月后，佩雷拉因胃溃疡去世。佩雷拉和洛克的相遇激起了洛克考察阿尼玛卿山的兴趣。佩雷拉受到了杨土司的热情接待，所以他认为杨土司是一位易于结交的人，并告诉洛克如果遇到困难可以请求卓尼杨土司提供帮助。在不久的将来，这一建议成就了洛克与卓尼、迭部以及杨土司之间的一段佳话。

秦仁昌
（1898—1986）
中国蕨类植物学奠基人

甘谷县
清水县
天水市
礼县
西和县
两当县
徽县
成县
西汉水
陇南市
康县
嘉陵江
江

第6章

野性与壮丽，无与伦比的风光

秦仁昌与吴立森的国家地理学会联合考察团迭山之旅

吴立森
（Frederick.R.Wulsin）
美国社会学家
人类学家

就在洛克与佩雷拉在丽江相遇的那段时间（1922—1923 年），美国国家地理学会派吴立森（Frederick.R.Wulsin）[1]博士夫妇对中国中部进行了一次人类学、动物学和植物学考察。

此次考察活动从包头出发，逆黄河而上，向西南方向进发，经过宁夏，沿驼道进入阿拉善地区，向南到达兰州后兵分两路。植物学分队向西行进，经西宁、青海湖，再向南经贵德等地，穿过草原到达卓尼一带，与从兰州出发的大部队在卓尼汇合，在采集结束后经天水到兰州，再行至包头，返回北京。

考察队还邀请了植物学家秦仁昌[2]。秦仁昌对从临潭到卓尼以及迭部的扎尕那地区印象深刻，对迭山地区的考察做了翔实的报告：

> 8 月 28 日，我们花了两天时间晒干了我们收集的资料后，从洮州南门出发前往迭部北部的扎尕那地区。
>
> 我们找了一位会讲藏语的向导，他对扎尕那非常熟悉。扎尕那距离洮州 180 里，道路崎岖，需要两三天时间才能到达。头 20 里路沿着山谷往下，一直走到洮河边上，我们乘船渡过了洮河。有一大块空地堆放着云杉原木，它们被筏运到这里。木材被货车运到洮河以北的城市进行出售前，需要堆积在河岸上晾晒。
>
> 我们沿着河边一条蜿蜒的小径走了大约 7 里，进入了卡车沟，这条山谷向南延伸，穿越山谷的一条河流直接汇入了洮河。洮河两侧，特别

---

①吴立森（Frederick.R.Wulsin, 1891—1961），美国社会学和人类学家，其相关著作包括《中国甘肃的少数民族》、《国家地理》杂志刊登的《通往王爷府之路》以及其女儿 Mabel Cabot 整理的摄影集《消失的王国》。
②秦仁昌（1898—1986），中国蕨类植物学奠基人、植物学家。

通往迭山的山谷，
绿树、溪流与草
地

是在山谷一侧，错落有致地分布着藏族小村庄。

白天的 70 里路走得相对容易，我们将营地扎在卡车村旁的云杉林下，这里海拔约 9800 英尺，需要过四五次河才能抵达。

次日清晨，没走多久，路就岔开了，一条向南，另一条向西南。我们选择了向西南的路，接着又越过了一座桥，随后的路况让人费解，因为又分出许多岔路。随着我们向山谷上方走，海拔越来越高，耕地越来越少，村庄也没那么多了。

我们旅途的最后 20 里则人迹罕至，两侧只有高耸的岩石山脊，宏伟而野性十足。

又走了 60 里，我们在小溪旁的平坦的草原上露营，这条小溪我们白天已经穿越很多次。所处位置的海拔已超过10800 英尺，温度极低，我们早晨发现水袋因为放在帐篷外面，都结了冰。尽管夜晚寒冷，但我们从洮州带来了燃料，生了很旺的木炭火，大家都感到很舒适。听说次日的行程更艰难，所以一大早我们就动身了。在前一天前行的基础上，我们又沿着山谷往上走了 25 里，险峻的灰色岩山被白雪覆盖。我们沿着一条石头小路向上走，那里的海拔有 12800 英尺，属于岷山的一部分。

　　崎岖不平且常年被积雪覆盖的山脊是这片地区的一大特色，150 里内皆可看到这种景象。我们沿着山顶的小径向西走下了山，走了 6 里后则向南行进，到达海拔 11500 英尺的峡谷口。

　　这条峡谷藏语称之为玛日松多，长 16 里，两侧被垂直险峻的灰色石灰岩峭壁包围着，这似乎是新近才形成的地形，绿色植物都无立足之

地。再向南 10 里处，我们经过了一个只有 13 英尺宽的被称为"石门"的窄路，其两侧是垂直的悬崖，顶部几乎连接在一起。

如果没有架起来的木桥，不管是人还是野兽，都不可能平安通过峡谷。向南 5 里，峡谷立刻扩大成一个巨大的杯形凹陷地带，四面都是陡峭的岩石及布满树林的山坡。

从北坡往上走的途中，有一个约有 30 户人家的藏族村庄，还有一个小寺庙，在那里可以尽览周围美景。较低的山坡上，种植着大麦和蚕豆。

在我看来，即使是湖北或四川最壮丽的景色也无法超越这里的宏伟壮丽，可以说中国没有一个地方能与玛日松多峡谷和"石门"的野性相提并论。

我们借宿在当地村民家里，房子的主人是向导的朋友。我们在附近考察了两天，然后沿着同一条路线返回洮河。

9 月 3 日，我们沿着河南岸到达了卓尼。

卓尼海拔 8700 英尺，位于洮河北侧。卓尼的杨土司是世袭管理者，管理着 48 个生活在洮河以南的藏族部落。据说卓尼有数百个藏族家庭，还有 30 个商铺。

第二天，吴立森博士和他的同伴意外地加入了

左页图：
最后 20 里的旅途人迹罕至，两侧只有高耸的岩石山脊，宏伟而野性十足

我们的行列。休息了几天后，我们一起前往一个名叫阿角沟的地方，该地位于岷山北部洮河以南 90 里。

总体来说，这条路很容易走，到一个叫作木耳的藏族村落前的 18 里路都是沿着洮河南岸走的。这里是杨土司的故乡，土司们开展行政工作的官邸也在这里，官邸依旧保存良好。离开小村庄后，我们逐渐爬上一个海拔 9500 英尺的山脊，左边的斜坡上，有一座喇嘛寺①和一些农舍。

往下走了很久后，我们发现自己身处一个地域开阔的乡村中，那里流淌着清澈的溪水，溪水是洮河的支流，距洮河北部仅有几里。在剩余的旅程里，我们沿着山谷南面向上走，多次通过精心建造的木桥，前往溪流对岸。这条溪流是运输从岷山上砍下来的云杉和冷杉原木到洮河

玛日松多峡谷

的重要通道。路边有许多小村庄，农作物种植也很集中。我们直到天黑才到达目的地，吴立森博士的朋友——动物标本剥制专家刘先生，几天前才抵达，在他的帮助下，我们轻松地找到了一所能作为栖身之地的房屋。

几天前在前往扎尕那的途中，我们就穿越了被积雪覆盖的陡峭岩石山脊，而在阿角 40 里外正好能看到这些山脊。据说扎尕那是卓尼到四川西北松潘的贸易之路首段的终点，这段路线骑马可能需要走

①旗布寺。

9—10 天。我们在那里停留了两天，然后沿着相同的路线返回了卓尼。

我们在这里观察到一个惊人的事实：洮河以南区域，要么树林茂密，要么被草地覆盖；而洮河北侧则干燥、裸露、荒瘠。可能是因为人口相对密度与植被密度不成比例，从而再次显示出文明对森林的影响。

甘肃西南部树木繁茂，气候非常湿润，土地经常呈沼泽状。这里的羊肉、猪肉、牛肉和鸡肉特别便宜，几乎到处都有，大米稀少，小麦粉只能在小镇和集市上买到。而水产品极其昂贵，基本都是外国货。

秦仁昌详细地观察和记录了甘肃地区的植被。由于过度开垦和砍伐，该地区植被大幅度减少。他极为痛惜，在报告中写道：

甘肃的植被同中国其他地区一样，目前正在逐渐消失。整个甘肃没

上图：
洮河北侧则干燥、
裸露、荒瘠

左页图：
洮河以南区域的
树木非常茂密

有处于原始状态的植被。与中国其他地区一样，植被茂密的地区都是人迹罕至或无人居住的地方，因为中国农业的发展导致自然植被开始流失。可能越原始的居民对优美的自然环境越有一种天然的爱，而优美的环境在很大程度上依赖于广泛而多样性的植被覆盖。原住民采用了适合人口稀少地区的游牧生活方式，只需要很少的耕地，而汉族人人口密度比原住民大，需要更多的耕地。现存的森林也正在以极快的速度消失。

毫无疑问，甘肃植物最为丰富的地区就是西南地区，其中洮州南部和莲花山西部最具代表性。与湖北和四川的植被相比，这里的植被算不上丰富，但因其分布于冷温带和亚高山带，非常值得关注。

植物学家秦仁昌说："在中国，我从未见过如此清晰的由森林带、灌木丛带和高山草甸带构成的植被状态。"

在中国，我从未见过如此清晰的植被构成。其构成通常有三种不同的形态，即森林带、灌木丛带、高山草甸带。

森林带由纯林或混交林组成，其中纯林是云杉或松树林，小面积的桦木林；混交林由云杉、桦木、柳树和杨树组成，其中云杉最多。在混交树林中，成年云杉几乎都被砍伐，杨树则以惊人的速度取代了云杉。在纯林中，大量的冷杉几乎不给其他树木生长机会，连低层灌木都没有多少。而一种能长到5米高的常绿灌木——黄毛杜鹃（*Rhododendron rufum*），似乎是冷杉的永恒伴侣。云杉林下还能看到纤长多刺、开着白花的锦鸡儿属植物。森林面积虽然有限，却为人们提供了有数百种用途的木材。海拔11500英尺以下看不到纯冷杉林，海拔7000英尺以下是云杉林和其他树林。在人迹罕至的悬崖及裸露的岩石山脊上遍布冷杉，红衫（*Larix potanini*）零星分布在长有冷杉的峭壁和裸露的岩石山脊上。

灌丛带是这三种自然带分布中面积最小的，由三四种小叶杜鹃组成，形成了低矮又密不透风的灌木丛，从山麓一直延伸到温润的山坡上。这里除了灌木柳树再没有其他物种，没有太大的开发价值。

高山草甸是青藏高原的一种典型植被类型，其生长范围要大于其他两种植被类型。这为当地居民的主要生产活动——放牧，提供了良好的环境。

这三种类型的植被构成虽然经常被坚硬、干燥、灰色的黏土丘陵或人工活动干扰，但它们通常以一种有规律的方式彼此毗邻，灌木似乎是从森林中出现的，而草地则是从灌木中出现的。

如上所述，甘肃西部的植被基本上由温带和亚高山带植物组成，当然，在草原和林木线上，高山植被的形式也绝非罕见。长江流域常见的温带或暖温带植被，在这里几乎完全不存在。根据海拔高度对植被分布进行描述，可能会更好地理解这一点：

寒温带——海拔 6000—10000 英尺。这是最重要的植被生长带，除了非常茂盛的开花灌木外，大部分经济木材都生长于此。这一带最常见的树状植物是云杉属、桦木属、杨树属、榆树属和松树属。

在该地区常见的艳丽的观赏灌木有刺柏属、柳属、榛属、虎榛子属、小檗属、绣球属、山梅花属、茶藨子属、栒子属、山楂属、苹果属、委陵菜属、李属、蔷薇属、悬钩子属、珍珠梅属、花楸属、锦鸡儿

云杉属树种
（*Picea* A.）
摄影: 吴疆

属、卫矛属、槭属、山茱萸属、丁香属、忍冬属和荚蒾属。夏天，山谷和较低的山坡上，花团锦簇，五彩缤纷。

亚高山带——海拔 9500—12500 英尺。此地区木本植被较少，主要以冷杉属为主，其次是云杉和落叶松，只分布在此地带最上部。

除了那些被纯粹的云杉和冷杉占据的地方，在山谷、溪流和山坡上还发现了以下种类植物：刺柏属、柳属、委陵菜属、蔷薇属、鲜卑花属、花楸属、锦鸡儿属、瑞香属、胡颓子属、杜鹃花属、糯米条属和忍冬。常见的草本植物中有各种各样的粗草，蓄蓄属、乌头属、翠雀属、紫堇属、梅花草属、委陵菜属、黄芪属、龙胆属和马先蒿属。它们形成了茂盛的灌

上图: 荚蒾属（*Viburnum* L.）等植物生长在较低处的峡谷山坡上，花团锦簇，五彩缤纷

下图: 悬钩子属（*Rubus* L.）常见的覆盆子、树莓都属于悬钩子属植物

左页图: 迭山地区的针叶林植被

上图：珍珠梅属（*Sorbaria* Ser.）是一种中药材

左页图：杜鹃花属（*Rhododendron* L.）　摄影：花间

左页图: 西藏杓兰
（*Cypripedium
tibeticum*）

上图: 委陵菜属
（*Potentilla* L.）
摄影: 花间

中图: 梅花草属
（*Parnassia* L.）
摄影: 冯虎元

下图: 锐果鸢尾
（*Iris goniocarpa*）

木丛。

　　高山带——海拔 12500—14000 英尺。尽管这里很少出现木本植物，但还是有少量的伏茎灌木植物，这确实令人惊讶。夏末和秋末，它们像是给这个广阔的草原国度穿上了色彩斑斓的衣裳。除此以外，这里有很多柠檬黄、紫蓝色和深红色的绿绒蒿属种群，还有蓝色龙胆草属、柠檬黄及紫红色的马先蒿属和柠檬黄及紫色的紫菀属。另有少量草本植物如莎草类、拟楼斗菜属、梅花草属、香青属、还阳参属和风毛菊属。这里的高山带植物有一个显著特征，即在 6 月同时开花。

　　从 6 月到 8 月下旬，整个地区会变得生机勃勃，足以让游客沉醉在这人间天堂。当短暂的花期结束后，几乎所有的植物都会凋谢。

上图: 忍冬属（*Lonicera* L.）　摄影: 闫昆龙

——

下图: 线叶龙胆（*Gentiana lawrencei*）

——

左页图: 小檗属（*Berberis* Linn.）

上图：全缘叶绿绒蒿（*Meconopsis integrifolia*）　摄影：花间

左页图：马先蒿属（*Pedicularis* Linn.）　摄影：冯虎元

秦仁昌对迭山扎尕那及玛日松多峡谷一带的精彩描述仍然吸引着后来者

　　高山带另一个显著的特点是，与其他地区的栖息地相比，植物种类相对较少。

　　关于高山植物群，不容忽视的一个事实是，草本植物比树木或灌木丛多，这是因为较低的年平均气温抑制了木本植物的活力。随着海拔的升高，植被的变化尤为明显，在海拔 7000—8000 英尺的永登县连城，草本植物在数量上也少于木本植物；但在海拔较高的地方，草本和木本植物几乎完全让位于所有高寒地区特有的匍匐植物。

　　从 1923 年到 1928 年，秦仁昌在江苏南京、浙江南部、安徽南部、湖北西部、青海、甘肃、广西及广东等地都进行了植物采集与研究，走遍了大半个中国。基于对采集的标本的研究，他很快就成长为当时中国最权威的植物研究者，还培养了不少林业和植物学人才。

　　走过如此多的山山水水，但他对迭山扎尕那及玛日松多峡谷一带的描述仍然吸引着后来者。2009 年 11 月 10 日，中国国家地理杂志社发布了"寻找十大'非著名'山峰"榜单，扎尕那山入榜，野性与壮美是这里的特色，下一位来到这里的探险者——约瑟夫·洛克，也会爱上这片热土。

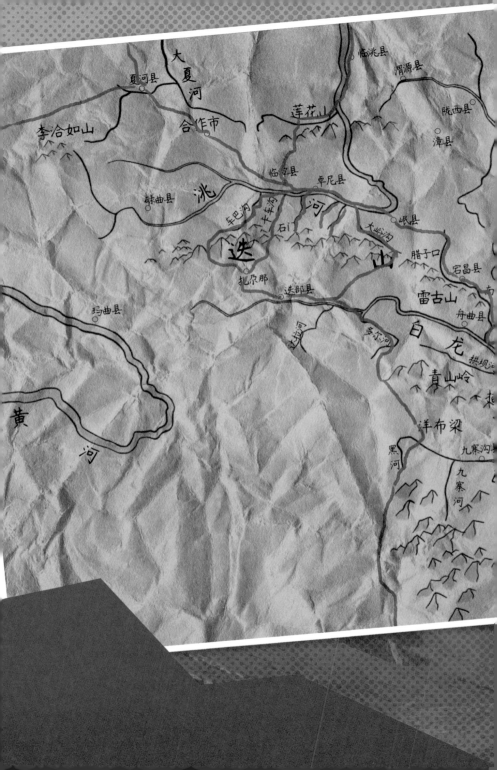

第 7 章

雪山、寺院与酥油花，森林、峡谷与绿绒蒿

约瑟夫·洛克的香格里拉

约瑟夫·洛克
（Joseph Charles Francis Rock）
奥地利籍美国人类学家、
植物学家、探险家

渭县

清水县

甘谷县

天水市

礼县

西和县

两当县

成县   徽县

西   汉   水

陇南市

康县   嘉

江   江   陆

　　国家地理学会的中国中部考察团走后,在佩雷拉的鼓励下,奥地利籍美国人类学家、植物学家、探险家约瑟夫·洛克(Joseph Charles Francis Rock)从 1922 年起 6 次到中国,深入云南、四川和甘肃一带,开展科学考察。

　　从 1922 年到 1949 年,洛克在中国云南、四川、甘肃东南部度过了漫长的探险岁月,对当地植物群落、人文风俗等多个方面进行了深入考察,并将多种植物样本带回美国,如今位于波士顿南部的阿诺德植物园还保留了许多他采集的植物样本。

　　洛克发表的作品和拍摄的照片是世界了解香格里拉这个世外桃源的原始资料,因此,他被称为香格里拉的"发现者"。

　　1925 年,通过各方协调,洛克终于与阿诺德植物园的萨金特主任达成了共识,阿诺德植物园资助他进行科学考察。得偿所愿的洛克组建起规模空前的考察团,他们从云南出发,经四川来到甘肃,准备前往阿尼玛卿山进行考察。此时正是北洋政府统治时期,各方势力盘踞甘肃,局势复杂。

　　各路军阀混战阻碍了交通,洛克只能按佩雷拉数年前的建议,投奔卓尼第十九任土司杨积庆,并将此次探险的大本营建在卓尼。尽管受到时局的影响,阿尼玛卿山之旅开局不顺,但洛克在休整时间从卓尼向南探索,深入迭山各山谷。他发现这里风景秀丽,植物种类丰富,是个难得的"植物王国"。

　　洛克在 1926 年 9 月 9 日的日记中写道:

　　　　这里是如此令人惊叹,如果不把这绝佳的地方拍摄下来,我会感

洛克写给萨金特
主任的信

到一种罪恶。我平生从未见过如此绮丽的景色。如
果《创世纪》的作者曾看见这里的美景，将会把亚
当和夏娃的诞生地放在这里。

　　洛克在卓尼的考察主要集中在迭山南北，他先
后写了两篇著名的文章，其中《卓尼喇嘛寺院的生
活》于 1928 年 11 月发表在《国家地理》杂志，《迭
部人的家园》于 1933 年 2 月发表在《地理学》杂志。
　　《卓尼喇嘛寺院的生活》主要讲述了洛克在禅
定寺的所见所闻，让世界认识了遥远而偏僻的卓尼。

　　1924 年的冬季，我们的考察团离开了云南，向
着中国西北的甘肃进发，以期抵达阿尼玛卿地区。
与 3 亿中国人及大多数外国人一样，我完全不知道

我平生从未见过如此绮丽的景色。如果《创世纪》的作者曾看见这里的美景，将会把亚当和夏娃的诞生地放在这里。
——约瑟夫·洛克

从北方远望迭山山脉，石峰绵延不绝，如同一堵石墙，隔断了中国的长江流域与黄河流域
摄影：扎扎

卓尼的存在。我是在为哈佛大学阿诺德植物园遍寻稀有植物的过程中，才听闻有这样一个被世袭土司所统治的古老的藏族部落。

有人告诉我，从卓尼向北行进5天可以到达拉卜楞寺，也可以到达黄河沿岸的拉加，从那里去阿尼玛卿地区就容易了。因此，我们一行人向卓尼进发，终于在1925年4月23日抵达卓尼。卓尼土司杨积庆（Yang chi-ching）热情地接待了我们，他尽他所能向我们提供帮助。

洛克一行在卓尼驻扎了两年多，离开卓尼时，洛克打算从迭部向南进入四川。因为要翻越的山路被厚厚的积雪覆盖着，直到1927年3月洛克才离开卓尼。

岷山由东向西延伸，陡峭而壮观

第二篇文章《迭部人的家园》从《尚书·禹贡》说起，还引用了《岷州志》的内容，从地理、历史、植物学等方面，向世界讲述了卓尼这个遥远且神秘的地方：

中国西北的省份甘肃，荒凉寂寥。特别从东向西进入甘肃时，更是如此。这里土地干旱，由于降水不足而植被稀少，当地普遍采用平顶的干泥棚舍做居所。没有人会想到如此贫瘠的省份在其西南地区拥有一个可能是整个中国首屈一指的天堂。有一

甘肃南部一带风光——岷县西寨，洮河蜿蜒而过

座被称为岷山[①]的巨大石灰岩山脉如同一片绿洲，将这块地区与甘肃其他地区分隔开来。

洮河像一条护城河，深深地环抱着岷山所形成的狭长山带，为中国腹地的这片绿洲增添了浪漫色彩。岷山由东向西延伸，由连绵的石灰岩塔峰组成，陡峭而壮观。岷山中部的断裂形成了著名的石门，成了一个从远处即可遥望的地标。岷山的北坡被割裂成众多深邃的峡谷，延伸至洮河，峡谷里密布着云杉、冷杉和杜鹃花。山谷被各个山脊隔开，这些山脊非常陡峭，像一条蜿蜒的巨龙，守护着迭部腹地。

通过岷山的山谷，有三种方式可以抵达迭部。最简单的方法是从卡

[①] 如今的岷山特指四川境内，以雪宝顶为主峰的南北山脉，根据考证，民国时期的"岷山"实际是如今的"迭山"。

洛克拍摄的卓尼禅定寺的照片

车沟至光盖山进入。但是，不要以为通过光盖山，迭部就近在眼前了。因为还要通过广阔的峡谷和石门，这种地形可谓"一夫当关，万夫莫开"。

洮河是迭部的天然护城河，它的源头李恰如山在另一个巨大石灰岩山脉以西的广阔草原上，河流将这座奇妙山脉切成两部分。

洮河几乎环绕着岷山的整个北坡，它荒凉又美丽，无序中又有序。这些居住在整个中国最浪漫的地方的迭部人非常神秘。他们称自己为"Tewu"，有三个部落，分别为上迭部、下迭部和达拉迭部。但是根据我对居住在中国西部的许多部落的研究，我相信迭部人与西番、羌戎、纳西族属于一支，他们被称为羌族，其部族有超过25万个家庭，曾经活跃于青海湖一带。

羌族的另一个分支是狄，而迭部人很可能最初属于狄的分支，被称为狄羌。用来书写部落名称的汉字是迭部，音为"Tewu"，而这只是个发音，卓尼人称呼这里为"迭部"。洮河岸边的卓尼土司管束着这一带的好战部落。

中国最早记录古代事迹的《尚书》被刻在竹简上，其中最著名的《禹贡》讲述了大禹的成就。

大禹提到了西方的部落，称生活在洮河源头的三个苗族部落为三苗部落。这位叫作"大禹"的首领应该被视为中国第一位探险家。

在以上经典作品中，我们知道他访问了西倾山，即"李恰如山"。他调节了河流的上游水源，并记录了积石山的位置。积石山是阿尼玛卿山的古称。《尚书》的注释者们认为"小积石山"就是西倾山，因为书中记载他们从那座山的底部顺流而下。要从阿尼玛卿山附近漂到黄河上

洮河河道变得越
来越弯曲
摄影: 闫昆龙

是不可能的, 即使在大禹当政的公元前的两千多年前, 那里也一定存在着可怕的激流与无尽的峡谷。小积石山就在现在的河州附近, 黄河就是从此处来的, 这里可通航。

大禹访问了西倾山是不争的事实, 他一定是第一位探索这个地区的人, 这个地区在他那个时代比部族版图最西的边界还要遥远。一本中国古书记载了西倾山和洮河的源头, 并用汉语音译出了藏语的名字, 汉语的节律不太适合描述别的语言, 但该山的藏语发音为"Luichawrak", 汉语的"李恰如"就很容易辨认。

　　大禹还察看了现在的甘肃岷山北坡，但是没有记录表明他穿越了迭部土地。岷山距离李恰如山脉不远，尽管有大片草原夹在这两个山脉之间，但它们的确属于一个系统，具有相同的构造。

　　迭部人并非总是这个奇妙绿洲的唯一拥有者。史书记载，在公元557年至公元581年之间，在今天的上迭部曾经建造过一座叫作叠州的城市，这个区域当时由中国历史上的北周所统治。叠州城后来被废弃，唐太宗时期又被重建。今天还能看到叠州城的古城墙和护城河遗迹，这无疑会引起考古学家的极大兴趣。

如今的阿尼玛卿
山与 100 多年前
洛克拍摄的阿尼
玛卿山

在等待探索阿尼玛卿山的这段时间，我探索了岷山所有的山谷和山脉。前后 5 次单独的旅行几乎将迭部穿行了整整两遍。

岷山是长江流域和黄河流域的分水岭。中国地理学家对岷山的界定比较模糊，岷山以南的四川其他山脉也称为岷山，且被认为是甘肃山脉的一部分。这是错误的，因为甘肃岷山的界限极其明显，它的北边是洮河，南边是嘉陵江的一条支流——白水江[①]。嘉陵江的分支有两处源头，一处位于四川的达仓郎木寺附近，另一处在岷山，这两个源头汇集流经迭部。迭部坐落在一个长长的山谷中，北部被岷山所包围，南部是山脉屏障，将其与川北草原隔开。

实际上，迭部的南部边界就是甘肃和四川的边界，这个界限就是洋浦山与达拉河。以前，迭部的地界一直延伸到黑河和白河的交界处，即距当前边界以南 3 天的路程。

松潘是四川最西北的城镇，位于岷江边上，向北距离岷江源头有两天路程，而岷江的源头位于弓杠岭。中国地理学家将弓杠岭划归于岷山，但显然弓杠岭距离甘肃境内的岷山南界还很远[②]。

达拉河以南是白水江的支流黑河的发源地，黑河向南经过几天的路程就会与白河相连，白河也是白水江的支流，白水江与白河在甘肃南部的碧口以西 40 里处交汇后称为文县河。目前所有关于甘肃南部的地图都是错误的，有一些甚至把白水江与文县河的交汇地标注到了碧口以东，这条河向南流入四川，最终汇入嘉陵江。嘉陵江在距离重庆 90 里的合川附近汇入长江。

迭部是卓尼土司管理辖区的重要组成部分，土司统治着迭部。不过迭部人一向保持独立，尽量不和土司往来，甚至攻击土司的使者和我，还袭击过土司派来保护我们的护卫队。

卓尼人的世袭制实际上已不复存在。卓尼前土司及其祖先虽然已经统治迭部部落近 600 年，但是在 1927 年冬天，冯玉祥的军队进入卓尼，卓尼土司最后获得了一个部族行政官的职位。

土司辖区拥有 12750 个家庭，大约 63750 人。历史上土司曾经统治过不同部落，包括在卓尼北部的商彝、西部的索瓦人，在南部的达拉和迭部人，以及在东南部武都附近的居民，另一个较小的部落生活在靠近莲花山的常爷湖③。然而，迭部是其最大的部落，有近一万名成员，主要生活在岷山的南麓。

卓尼土司的管辖范围，大抵从北向南是 14 天行程，从东向西是 10—12 天行程。因为其管辖的部落与其他部族有矛盾，一年只有几个月能进入，所以核查这些部落的人口数量非常困难。迭部人故意破坏这些步道，以防止其他部落对他们进行突袭——也就是说，在这些山路上有很多屏障，用来阻止外来人员游走于各个村寨。

---

①这里的白水江指的是现在的白龙江，洛克对这个区域的名称和今名称对照表见附录。
②洛克在这段主要讲述岷江的源头，洛克和当时的部分地理学家都同意岷江的源头在弓杠岭，但对于弓杠岭所处的"岷山"有不同意见，洛克沿用清末至民国时期的地图，认为岷山即是如今的迭山，而民国后期的地理学家开始把迭山和岷山分开来，将迭山以南至雪宝顶为主峰的这片区域的山脉称为"岷山"，因而会对这个现象有不同认知。
③今甘肃临潭县冶力关的冶海天池。

由卓尼进入上迭部最简单的方法是经由卡车沟，前往岷山山谷。卡车沟在卓尼沿洮河上游 15 英里的地方汇入洮河，这是去迭部的西行路线。还可以通过车巴沟进入上迭部，车巴沟距离卡车沟口还有 20 英里。除了车巴沟的狭长山谷以外，卡车沟是唯一延伸至岷山山顶的谷地。而到达下迭部最快的路线是通过大峪沟，那里的山谷延伸至阿角村，距离卓尼 30 英里。阿角村还有一个阿角小沟，通过阿角小沟可以到达扎伊克噶山的东南侧，从这里也可以到达下迭部。这条道路是唯一一条需要穿越顶峰的道路。据说还有另外两条有待商榷的道路，从卓尼出发，行走 5 天才能到达。

通过甘肃南部的岷州①，再进入白水江河谷也可以到达迭部。

经由黄河东边的草地也可以进入迭部西部，但最安全的方法仍然是从洮河流域经由卡车沟进入迭部。我们正是通过这条路开启了迭部的旅行。

我们探索迭部，想从植物学、鸟类学和地理学三方面研究迭部。在我们之前，只有很少的人参观了迭部。一位是传教士，他短暂地访问了扎尕那。另一位是佩雷拉将军，他从四川进入迭部南部，但是他没有越过卓尼土司所管辖的岷山，仅沿着白龙江到达下迭部的最后一个村庄——水皮村②。他从那里越过大拉梁到达岷州，然后经由洮河到达卓尼。美国人埃默里先生在去松潘的时候，向东经由扎伊克噶山口越过了岷山。

---

① 即岷县。
② 如今这段路上没有找到发音类似于水皮的村镇。根据洛克的描述，这个村落的位置大概在迭部县洛大镇尖藏村附近。

左图：
洮河山谷里成片的杨树林

右图：
我们在卡车沟溪岸长满油松的陡峭山脚安扎营地，卡车沟里的草地上长满了美丽的桦树、野生梨树和苹果树，树上盛开着美丽的花朵

除我们以外，没有人走过进出迭部的所有通道。我们在不同的季节多次访问迭部，还探索了岷山主山脉及其南部和北部山谷。

初入迭部

1925 年 6 月 8 日，我们商议好了物资运输费用，终于离开了卓尼，直奔岷山。这个洮河的美丽山谷里到处是壮丽的古老的杨树林，树干直径足足有几英尺，令人震撼。穿过一些藏族小村庄后，我们到达了卡车沟谷口，然后坐船渡过洮河，到达了达子多村。

这天，我们在卡车沟溪岸长满油松（*Pinus tabuliformis*）的山脚安扎营地。卡车沟里的草地上长满了美丽的桦树、野生梨树和苹果树，树上盛开

紫色的四川马先蒿
（*Pedicularis szetschuanica*）

着美丽的花朵，最动人的是酒红色的报春花和布满草地的紫色马先蒿、紫罗及其他各种各样的花朵。落叶林中的灌木丛延伸至陡峭山脊中的松树林中，密布着蔷薇花、小檗、忍冬、野牡丹和野樱桃，散发着春天的气息。在一片高大的云杉林中，我们扎起了帐篷，点燃篝火，围坐在篝火旁。

清早，我们沿着河岸上游美丽的小树林和云杉森林前行，穿越了野鸡遍布的草地。我们遇到了身着羊皮服装的牧民和骑着牦牛的喇嘛，喇嘛们戴着夏天奇特的白色圆顶头饰，那形状就像一个平底锅。

距离山谷较远的 10 英里处有一个美丽的峡谷，溪流在狭窄的河床上咆哮，也在大果圆柏（*Juniperus tibetica*）的巨石间翻滚。灵动的溪水在通过直鲁那和哇日纳等几个村庄后，缓缓流入森林山谷的小坡。我

左页图：酒红色的西藏报春（*Primula tibetica*）摄影：花间

上图：拍摄于迭山的五脉绿绒蒿（*M.quintuplinervia*）摄影：花间

下图：位于波士顿的阿诺德植物园里培植着洛克从卓尼采集的野生牡丹（*Paeonia rockii*）

点地梅属（*Androsace L.*） 摄影：花间　　大果红景天（*Rhodiola macrocarpa*） 摄影：花间

达乌里秦艽（*Gentiana dahurica*） 摄影：冯虎元　　垂头菊属（*Cremanthodium Benth*） 摄影：冯虎元

甘肃贝母（*Fritillaria przewalskii*） 摄影：花间　　甘肃雪灵芝（*Eremogone kansuensis*） 摄影：花间

山地虎耳草（*Saxifraga sinomontana*） 摄影：冯虎元　　刺芒龙胆（*Gentiana aristate*）摄影：冯虎元

上图: 矮金莲花（*Trollius farreri*） 摄影: 冯虎元

下图: 泡沙参（*Adenophora potaninii*） 摄影: 冯虎元

左页图: 密花翠雀花（*Delphinium densiflorum*） 摄影: 冯虎元

无距耧斗菜

雪山脚下的杜鹃花，在酷寒的天气中孕育花朵

们到达卡车沟的最后一个叫作卡车牙日的小村庄,卡车牙日之外一片荒芜。

我们在卡车河流经的美丽草地上安营扎寨。这片草甸被美丽的森林包围,简直是一片花海!有米色和深紫色的报春花、大簇花束的角蒿、红色绿绒蒿和紫色杜鹃花,真是百花齐放!差不多两年后的冬天我又在此地扎营,这时溪流结冰。为了搭起帐篷,我们不得不铲起 2 英尺厚的积雪,气温降至零下十几度,一切生命都在冬天沉睡。但现在是春天,四处充满生机,我迫不及待地想要到达遍布高山花朵的岷山。

右图：
洛克认为可以站
在海拔 11000 英
尺的白石崖寺庙
悬崖上观看迭山
最宏伟的景象。
这个是洛克 1925
年 5 月拍摄的白
石崖寺庙

下图：
近 100 年之后拍
摄的白石崖寺庙
摄影：花间

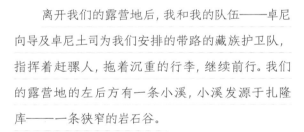

　　离开我们的露营地后，我和我的队伍——卓尼向导及卓尼土司为我们安排的带路的藏族护卫队，指挥着赶骡人，拖着沉重的行李，继续前行。我们的露营地的左后方有一条小溪，小溪发源于扎隆库——一条狭窄的岩石谷。

　　我的向导告诉我，沿着这条小溪向上走到山谷，正好可以到达著名的石门脚下。石门是岷山山脉最著名的地标，从洮河以北的任何角度都可以看到。对于我来说，最宏伟的景象是在海拔 11000 英尺的卓尼土司的领地上的白石崖寺悬崖上眺望岷山。这个寺庙在卓尼北部，大概有两天行程就能到达那里。

洛克在迭山采集的川西绿绒蒿（*M.henrici*）标本，收藏于哈佛大学阿诺德植物园　供图：孙航　吉田外司夫

金露梅（*Dasip-hora fruticosa*）

上图：
菊科花草：黄帚橐吾
（*Ligularia virgaurea*）
摄影：冯虎元

下图：
菊科花草：箭叶橐吾
（*L.sagitta*）
摄影：冯虎元

左页图：
菊科花草：天山千里光
（*Senecio thianschanicus*）
摄影：冯虎元

巨大的石门

在扎隆库沟入口处,我们遇到了一位从光盖山来的骑着马的喇嘛,我们想问路,示意他停下来。当他看到我们一行人时,便骑着马飞速逃离。我的护卫赶紧拦住他,告诉他我们是好人,他才折返回来,但他还是与我们保持着安全距离。后来我取笑他时,他告诉我们他以为遇见强盗了。他给我们指了路,但我们对行进路线不熟悉,不得不一遍遍地横渡溪流。

最后我们拦住一位在山谷里赶牦牛的藏族男孩,说服他领着我们前往山谷。徒步7英里后,我们到达了一个荒凉的小村庄,遇见了一对藏族情侣。她旁边绑着一只巨大的藏獒,藏獒扯着铁链,跑来跑去。当

右图：
洛克及探险队成员位于石门下方的宿营地

左页图：
一位藏族妇女经过洛克当年位于石门附近的营地
摄影：秦同辉

藏獒看到我们时，突然变得凶猛，如果没有迅速抓住它，我们肯定已经被咬伤。

我们很快到达了大石门前的一片美丽的草地，但位于这片草地仅边缘地带约 4 英里之外的草地更为辽阔。这里是通往岷山山脊主脉的第一道大门。我们的帐篷搭建在一片花海中，我看到一条峡谷被溪流隔断，峡谷壁有一两千英尺高，草坡和峭壁上覆盖着冷杉、云杉和杜鹃花。这里长满了一堆堆金黄色的金露梅。在我们营地附近的一两千英尺高的台地上长满了红色、蓝色和黄色的绿绒蒿，还有漂亮的报春花和火绒草。

第二天我们来到了石门主门。这条路通向一处石灰岩峡谷，这个只有约 30 英尺宽、近 2000 英尺深的奇特的峡谷冷峻又萧瑟。从峡谷中延伸出一条山谷，这个山谷通向西南部，通过山谷可到达岷山正中的大石门。在岷山脚下的一个小湖旁边，我们安营扎寨。岩门的每一侧都延伸出巨大的岩壁，成片的岩壁形成了巨大的城墙，这是数百只雪

岩门的每一侧都延伸出巨大的岩壁, 成片的岩壁形成了巨大的城墙, 这是数百只雪鸽 (*Columba leuconota gradaria*) 的家
摄影: Pamela C.Rasmussen

鸽（*Columba leuconota gradaria*）的家。小溪的源头在山口下面石门的右侧，小溪边上是高山草甸，沼泽密布，但上面覆盖着高大漂亮的菊科花草。我们的营地搭建在一片海拔 11750 英尺的草地上，周围环绕着冷杉、云杉林和美丽的杜鹃花。

我们决定爬上石门。石门的底部估计有 300 码，顶部有 600 码。我们猜测岩石的厚度为 1200 英尺。我们在营地上方攀爬，进入了危险的岩石滚落地带。巨石四处散落，我们看起来很渺小。石门上方的一个缺口被巨大的陡峭的月牙形斜坡和碎石块掩盖，最后我们没有找到通过该岩门进入迭部的地方。陡崖上的岩羊和鬣羚四散逃开，松散且锐利的岩石随之掉落，但我们没有受伤。

从营地出发，我们到达了光盖山以东的最高垭口，这里的海拔高达 13150 英尺。这里有冷杉和云杉，扭曲的刺柏生长在岩石斜坡上，斜坡上方则是草地，这里的丰富的植物会令植物爱好者异常欣喜。山上还开满了巨大的蓝色花瓣排列成穗状的绿绒蒿，还有紫菀、报春花、红色和淡紫色的绿绒蒿、黄色的虎耳草、勿忘草和五彩斑斓的十字花科植物，最吸引人的是水母雪兔子。还在这里发现了以翠雀、附子花和龙胆为代表的多种植物。黄色的委陵菜在巨石之间形成大块的草甸，宏伟而奇异。在这些艳丽的花朵中还生活着大雪鸡（*Tetraogallus tibetanus przevsahkii*），其毛色和岩石的颜色相似。

卡车沟在扎隆库附近变窄，山坡上密布着茂密的树木，溪流两岸是大片可爱的薰衣草和紫色的杜鹃花，它们形成了并不宽阔的花卉屏障。山后有最令人惊奇的画面：绿草如茵的山坡上是一整片小森林，森林里遍布高耸的鬼箭锦鸡儿，它的花瓣是粉色的，如豌豆状。这种植物和柱

石门附近陡崖上
的高原精灵鬣羚
（*Capricornis
sumatraensis*）

状仙人掌的习性相似。这里的草地就像鲜艳的地毯，站在上面异常舒适。

　　现在，我们进入了全缘叶绿绒蒿（*M.integrifolia*）的领地。绿绒蒿是最美丽的高山花卉之一。当我们前往山口时，还遇到了头戴金黄色花环的美丽的藏族少女。在海拔 12000 英尺处的陡峭山坡上，冷杉、刺柏簇拥在一起形成了森林，杜鹃花点缀其中。潺潺的小溪在霜冻区域异常寂静，山口附近的河床上覆盖着厚厚的一层冰，高达 20 英尺的巨大冰柱垂下悬崖。两年后，我几乎在此地丧生，当时我迷了路，差点连人带马从悬崖上滚下去。

全缘叶绿绒蒿（*M.integrifolia*）。洛克遇到了头戴金黄色花环的美丽的藏族少女，美丽的金黄色花环就是用这种植物编成的

上图: 开着艳丽的花的线叶龙胆（*G.Tourn.*）匍匐在迭山山崖下的草甸上

下图: 附子花是乌头（*Aconitum carmichaelii*）的花。乌头和附子是同一种植物，中药里的乌头是其母根, 而附子是其子根（侧根）

左页图: 山上还开满了巨大的蓝色花瓣排列成穗状的绿绒蒿。多刺绿绒蒿（*M. horridula*） 摄影: 花间

光盖山北侧被巨大的石灰岩峭壁和石峰环绕，但向南倾斜成与岷山主峰平行的短谷。巨大的石灰岩山脉裸露在外的海拔约 15000 英尺的脊梁直冲云霄，山脊相连形成一堵巨大的山墙。近百年后在同一角度拍摄的迭山石峰

摄影：花间

洛克拍摄的迭部迭山石峰

　　光盖山垭口海拔约 12530 英尺，是一块高山草甸湿地，北侧被巨大的石灰岩峭壁和石峰环绕，但向南倾斜成与岷山主峰平行的短谷。巨大的石灰岩山脉裸露在外的海拔约 15000 英尺的脊梁直冲云霄，山脊相连形成一堵巨大的山墙，通过部分石门可前往上迭部地区。我们脚下的小溪一直流向嘉陵江——长江的支流。

　　在光盖山垭口以西的山脉中间有一条通向车巴沟的狭长山谷，沿这个山谷可到达位于卓尼县以西约 40 英里处的雅路寺附近的洮河。

　　沿着光盖山往下走，就到了白水江附近的泥泞山坡。溪流与清澈的山泉相连，下方是一条峡谷，两边的峭壁，直冲云霄，巨大的斜坡则延伸到布满杜鹃花的河床。积云高耸在迭部上方，黑色的风暴云则聚集在光盖山垭口。

　　滚滚乌云令人震撼。山峰的轮廓清晰可见，山上茂密的森林中长满了冷杉和云杉，石峰像匕首一样锋利，耸入云端。

　　迭部山神涅甘达娃守护着这片神圣的土地。他幻化成山脊东边的石狮子，像哨兵一样伫立，不知疲倦地守护着迭部人的家园。

　　山下的悬崖就像一本立着的书的书页，这组 1000 英尺高的片岩像是被巨人之手折叠起来的，

山峰的轮廓清晰可见，山上茂密的
森林中长满了冷杉和云杉，石峰像
匕首一样锋利，耸入云端

溪流与清澈的山泉相连，下方
是一条峡谷，两边的峭壁直
冲云霄

神山下的悬崖就像一本立着的书的书页，这组
1000 英尺高的片岩就像是被巨人之手折叠起
来的。左图为洛克 1925 年拍摄的岩石，右图为
2022 年拍摄的同一个区域岩石
摄影: 花间

红皮桦树和墨绿色的云杉在这些片岩中恣意生长，报春花在河床上随风摇曳。铁线莲、鸢尾、银莲花、翠雀和西藏杓兰铺满了山脚下的青翠草地。

这条砂石小径很干净。空气中弥漫着春天的芬芳，鸟鸣声从远处传来。当我凝视远方时，能看到被绿色植被覆盖的险峻山脊，但是溪流在悬崖峭壁中切开了一条道路。迭部人在这里修了一条小路，洪流能穿过峡谷谷底水平放置的巨大原木，这令人叹为观止。这条路，就是通往迭部的要道。

在光盖山垭口以
西，山脉中间有
一条道路，通向
一个叫作车巴沟
的狭长山谷，沿
着这个山谷可到
达位于卓尼县以
西约 40 英里处
的雅路寺附近的
洮河

　　我们每走一步都能看到壮观又宏伟的景象。我们穿越在狭窄的山谷，直到走进一个被巨大的山脉包围的圆形空地时，这种景象才消失。

　　山脚下是迭部村庄东哇村，村里房子的屋顶看起来直抵悬崖，村里还有一个喇嘛寺——拉桑寺，冷杉和云杉林围绕着村庄，给它镶了一个边。我们踏上了位于上迭部的扎尕那，这个藏语名字是精心挑选的，扎尕那在藏语中意为石头匣子。

　　我们越过溪流，到达了一片大草地，很难在海拔 10000 英尺的高原地区找到更好的扎营的地方。我瞥了一眼东哇村，才发现扎尕那的迭部人将房屋一栋叠一栋地建起来，一栋房屋的三面墙被用来当作另外三栋房子的墙。扎尕那确实是一个坚固的堡垒，不易被入侵。如果敌人从西部入侵，除了益哇沟和扎尕那的溪流外，再没有其他通向扎尕那的通道。

　　迭部的几位男子很快到访了我们的营地，妇女们在去营地后面的树林时，顺路停下看着我们。来自拉桑寺的喇嘛也前往树林，在赠送了他们一些礼物后，我们很快和他们成了朋友。

　　我费了好大劲才给他们拍了照片，他们对我充满警惕，尽管他们很

左图:
迭部人在这里的洪流上方建了一条小路，洪流能穿过峡谷谷底水平放置的巨大原木，这令人叹为观止。这条路就是通往迭部的要道

右图:
通往这道石门就来到了位于迭部的扎尕那山谷

左页图:
现在石门的植被状态、山势以及河谷都保留了原有状态，唯一不同的是拓宽和加固了石门下的道路
摄影: 闫昆龙

好奇。他们对我一无所知。身上套着羊皮衣服的女人们继续纺亚麻，将一团亚麻线缠在背部的一块木头上。普通的饰品装点着她们的头发、上衣和裙摆，比如蓝色的玻璃珠和用牦牛毛线串起来的空弹壳。

　　她们很喜欢银纸和锡箔纸，就像柯达那种用来包装胶片的纸。女孩们甚至为了得到纸片而打架，她们分发着撕成小块的纸片。我把手表放在草地上，所有的男人和男孩子都趴在草地上，惊叹于指针的转动。他们像车轮辐条一样转动身体，模仿手表的走动和滴答声。他们把我的温度计当成烟斗。

　　上迭部是这里最原始、最纯真的部落，甚至

左图：
百年后的扎尕那村庄，居民的居住
面积扩大了

下图：
冷杉和云杉林围绕着扎尕那村庄，
给它镶了一个边

仙女滩草甸。左图为百年前洛克拍摄的，草滩上的帐篷是洛克的营地。右图为花间拍摄的如今的仙女滩草甸，远处是现在的扎尕那村寨

左页图：
从不同角度拍摄
的扎尕那村寨

和其他部族不通婚。他们不同于藏族和蒙古族交融而产生的游牧民族，事实上迭部人是最纯正的原住民。

扎尕那共有 5 个村庄，从东到西依次排列：东哇村、业日村、达日村、代巴村和 Laonto[①]。Laonto 位于班周山下。班周山是扎尕那和四川之间的实际边界，这里并没有人居住。在东哇村的山脚下，扎尕那河与一条来自班周山的小溪汇合，并随着益哇河流入一条叫作益哇沟的狭窄山谷。

在这里，我遇到了一位虔诚的迭部朝圣者，他从下迭部来，正在前往塔尔寺的路上。不同于普通的朝圣者，他决定用自己的身体测量朝圣的距离。这确实是一项艰巨的任务，即使是马帮行走也需要 16 天，并且还要翻越很高的垭口。他穿着鞋面是皮革、鞋底约两英寸厚的木鞋。

我们在扎尕那度过的第一个晚上十分动人。巨大的云层聚集在山谷峭壁中，这些峭壁像海洋中的岛屿一样。鸟儿鸣唱，空气静止，万物都笼罩在阴郁森林中。空气中弥漫着云杉和冷杉的香脂气，直立挺拔的云杉和冷杉大有与岩石峭壁试比高的态势。

① 此村可能与其他村合并或被废弃，现在扎尕那已没有这个名字的村寨。

下迭部之旅

从扎尕那向益哇沟方向，我们看到许多由牦牛和驴组成的队伍经过另一座石门，这个石门简直复刻了扎尕那石门，却比扎尕那石门小很多。穿过狭窄的山谷便到了另一处山涧，那里散布着许多小村庄和喇嘛寺，例如高则村附近的白古寺。过了高则村，石灰岩就少了，更多的是云母板岩、页岩和片岩。

在这里可以看到远处的高山，达拉人住在更远处的达拉沟。这里的迭部实际上只包括白水江河谷，它与达拉河汇合处是一个狭窄的岩石峡谷，山谷侧面及主要峡谷的交界处鲜有村庄，可利用的每一寸土地都被梯田占据。

这里的草甸称为电尕，白水江的干流在此与扎尕那和光盖山的支流汇集，此处也是四川最西北的部落和甘肃卓尼土司辖区的边界，是危险的地方。所以我们一直等到迭部护卫队赶到，才敢冒险前往。我用双筒望远镜小心翼翼地看着远处，巡视了另一侧所有的灌木丛，以保证我们是安全的。从电尕到巴西电尕寺院的延伸地带被称为卓次沟，它比电尕上方的峡谷宽阔。这里的松树比云杉多，在南部山谷的山脊上形成了美丽的松树林，而北坡大多是黄土和砾岩，坡上都是耐干旱的植物。

我在巴西电尕寺院下方、白水江北岸宽阔的山谷底部，看到一大片高地，山地周围似乎有一条护城河。在然闹村对面偏南地带也有一处类似的地方。

我阅读了《岷州志》，了解到这些北周时期建成的古叠州城墙遗址。叠州城在隋朝时被废弃，但在唐太宗时期又被重建（约 627 年），当

从不同角度拍摄
的扎尕那村寨

时唐太宗任命李勣为叠州都督。1300 年以前的朝廷都督管理着这个古老而文明的城市，考古学家对此应该很有兴趣。

白水江附近的山谷土壤肥沃，气候比高出这里 3000 多英尺的扎尕那温和得多，但是这里属于上迭部。白水江从岷山南坡蜿蜒而过，其侧面的岩壁和深谷又延伸至更宽阔的山谷，湍急的河流流经页岩、片岩和黄土，在这个山谷留下了时间的印记。在此处，原本温和的白水江变得无比汹涌。

我们已经经过了上迭部最危险的地方，但下迭部的达拉沟地区、岷山东部的扎伊克噶都有土匪出没。

巨大的云层聚集在山谷峭壁中，这些峭壁像海洋中的岛屿一样。鸟儿鸣唱，空气静止，万物都笼罩在阴郁森林中。空气中弥漫着云杉和冷杉的香脂气，直立挺拔的云杉和冷杉大有与岩石峭壁试比高的态势。

　　几座悬臂桥横跨在美丽的河床上，河床两旁生长着古老的白杨，在森林茂密的山谷口通常会有小村落。在山谷的一个平台上有一座最大的寺庙，护卫送我去参观，他们却留在了河岸上。

　　人们对自然崇拜和神灵崇拜感到困惑，我在迭部更古村遇到了无比原始的神灵崇拜。当地人会制作类似图腾柱的稻草人。在白水江上一座通往更古村的悬臂桥下有一个巨大的用树枝和稻草做成的稻草人，它有一个拿着长矛的手臂。一年前迭部各村爆发了牛瘟，为了防止它的传播，更古村村民让这个稻草人驱赶疾病。迭部人在河对岸的桥头竖起了几根形状怪异的柱子，以抵御所有可能进入村庄的疾病。

　　这些神祇在寺庙里没有位置，显然这是迭部人特有的神灵。更古村周边生长着一种高大的圆柏（*Juniperus chinensis*），高大挺拔的树干大约有 80 英尺高。这些树被人们称为檀香木，因为其木材有浓郁的香味，我们在这个仙气飘飘的林子里搭起了帐篷。

下迭部和旺藏寺

　　实际上，整个下迭部都归旺藏寺的喇嘛管理，除非得到他们的许可，村民不能向陌生人出售任何东西。我们携带了卓尼土司用藏文写的信，请求他们为我们提供向导、骡子或牦牛、食物等。

　　老旺藏寺隐藏在一个干旱的峡谷中。我被带到活佛所住的一处房子里，当时活佛去塔尔寺了。这里最多有 30 位喇嘛，他们的主要工作是诵经、修剪酥油灯。我的房间有点恐怖，每个角落都潜伏着造型奇特的雕像。不过这个喇嘛寺院是个安静的隐居处。寺院入口累积的粪便可证

山谷被落叶和常绿植物构成的原始森林包围，山谷里云杉、冷杉、圆柏、杜鹃及枫树等

明这里是绵羊和山羊的庇护所，我们的驴子在大门两侧的经筒下找到了休憩地。

天空乌黑一片，一阵强风吹过炎热的峡谷，紧接着雷声滚滚，寺院前的几棵杨树被迎面而来的暴风雨所震慑。寺院里的狭窄小巷和诵经大厅前的广场已经被废弃。前庭摆放着一张图，图中画着生命时轮，太阳绕着位于世界中心的神秘山峰旋转。两只孤独的公鸡呆立在架子上，空气中弥漫着黄油的乳香味。最重要的是，人们可以听到峡谷中的河流的咆哮声和固定在屋檐上的寺庙钟声。

后来旺藏寺的喇嘛们同意分寺，剩下的人建造了一座独立的寺院，即新旺藏寺。

从旺藏寺出发，我们探索了旺藏沟、曹石坝沟等诸多山谷，其中旺藏沟是最令人惊叹的。这个山谷被落叶和常绿植物构成的原始森林包围，山谷里有云杉、冷杉、圆柏、杜鹃及枫树等。南面的山谷比北面的山谷更富饶，北部的山有或多或少的旱生植物。

在曹石坝沟外不远处，一条长长的侧谷汇入白龙江峡谷，其地质构造主要是板岩、页岩和片岩，在朝北方向的尼巴沟附近又变成了石灰岩。这个由岷山高峰夹峙形成的 4 英里的绝壁被白龙江切割出一条狭窄的峡谷。迭部人称这里为麻牙石壁栈道，栈道之间的峡谷由两座摇曳的悬臂桥连接。穿过麻牙石壁栈道的小径是非常危险的。

从第一座桥开始，小径从陡峭的岩壁下降到红灰色石灰岩悬崖下，木板铺在岩壁上的脚手架上，才形成了这些可以通行的栈道。有些地方的木板没有固定在岩壁的脚手架上，而是悬空在支架上，露出 20—30 码宽的裂缝。人们屏住呼吸穿过这条两边都是深渊的只够一人通行的小径，白龙江水就在脚下疯狂地咆哮着。

右图：
洛克拍摄的下迭
部黑拉村附近的
山势

下图：
下迭部的山脉构
成一个由峡谷、
尖峰、关隘形成
的迷宫

第二座桥边的栈道更为凶险：一条悬挂在空中的"之"字形栈道连接着石灰岩山墙上的巨大裂缝，唯一能支撑栈道的是地面岩石上的柱子。带领一匹马穿过这样一个摇摇欲坠的栈道需要极大的勇气。

穿过麻牙石壁栈道之后，眼前便开阔起来。有一个叫作麻牙沟的幽深峡谷可以通往岷山以南的平行石灰石山脉，并与岷山相连。在麻牙沟河口的东边是麻牙村[①]，它被灌木丛覆盖的山丘包围着。

从这里向北，整个山脉构成一个由峡谷、尖峰、关隘形成的迷宫。自古以来，这里的广阔森林没有受到任何破坏。

有一条从尼巴沟到达麻牙沟的小径。这条小径穿过海拔 11250 英尺的草地，两侧是冷杉、白桦和杜鹃林，地面上覆盖着浅绿色的青苔，野生樱桃和长叶柳树则从灌木丛中探出头来。虽然道路泥泞又陡峭，树根盘根错节，但这美丽的杜鹃林难以用文字形容。

顺着陡峭峡谷迅速走到烂尼巴沟就可以前往桑巴沟。桑巴沟是一个被称为"小古麻"的巨型石灰岩构成的山谷。茂密的森林主要由山谷上部的紫果云杉林（Picea purpurea）和山谷下部以云杉为主的混合林木组成。桑巴沟的溪流在黑拉村以下被一条狭窄的森林主脊分割成两个平行的山谷，除了黑拉村，还有另外两个村庄坐落在这个剧场般的山涧里，吾乎村和班藏村都位于桑巴沟的北岸陡崖下。

大古麻峰是岷山的最高峰，海拔约 17000 英尺[②]。粗糙的石灰岩形成了岷山石门的西门，叫作跑马滩，通过石门可以进入岷山主路并到达山顶。不过要到达山顶绝非易事，许多蜿蜒的山沟令人望而生畏。

在暮色笼罩的阴暗森林与美丽的高山草甸相融合的跑马滩上盛开着各种鲜花，但是我们很快就淹没在通往悬崖峭壁的森林里。这条小

粗糙的石灰岩形
成了岷山石门的
西门，叫作跑马
滩，通过石门可
以进入岷山主路
并到达山顶

　　径沿着河床，穿过狭窄的落叶松、冷杉和桦树，最终通向跑马滩。向上行进的路蜿蜒曲折，小径沿着山谷的峭壁向上延伸。

　　我们不断向上攀爬，向下望去，河床上是与房间一般大小的石头。我们只能听见河流的咆哮声，却看不到河流的身影。这景色原始野蛮，甚至有点可怕，当所到之处的小道被巨石挡住去路时，我偷偷瞥了一眼几千英尺高的峭壁。这时还听见了石块撞击树林并压断树枝的声音，轰隆声听起来像是雷声。这条小路连接着3000—4000英尺高的崖壁的顶部和底部。经过漫长的自然雕刻，这些悬崖变成了高达数百英尺的巨大鸡冠花一样的尖峰。

在石门的中心，一个巨大的金字塔状山体将峡谷分开，两条清澈的河流平静地流淌着。宽阔的河床发出耀眼的白色，由冷杉、云杉、白桦树和枫树组成的茂密森林环绕在周围。尽管河床的海拔已经有 10000 英尺，但侧面岩壁依然高耸入云。

在这里的东北部，有一个名为道牙牙的峡谷。在道牙牙峡谷的左侧，可以看到峡谷中充满了碎屑，难以穿越，这是强盗们的通道，他们的据点就在一片小草地上。这是一个人迹罕至的地方，只有经过土司的批准才能到达，因为没有向导的帮助就无法到达这里。

在道牙牙峡谷的尽头，石灰岩峭壁变成了一堆巨大的红灰色砾岩墙，最初它们与石灰岩叠加在一起，后面所到之处都是悬垂的光滑岩石。这些如摩天大楼一般矗立的砾岩墙的顶部是圆形的，但是比坚硬的石灰岩更容易受到侵蚀。从一个峡谷穿越到另一个峡谷，一路上都是没有尽头的石门。

业赤瑞高是道牙牙峡谷尽头的一片大草地，周围是石灰岩，形似一座巨大的圆形露天剧场。在这里可以登上高山山口进入另一个被称为查塞蒂的横向山谷，我们在一条通往东部岷山顶峰扎伊克噶通道的山脚下露营。

营地对面石壁的顶部有一列奇特的红色烟囱状的岩石柱，向导称之为扎伊什马。当地人非常害怕这些石头。从查塞蒂开始，小道盘旋在陡峭的山地草坡上，厚重的云层笼罩着山谷，隐藏着查塞蒂的巨大的陡崖。

左页图：
在道牙牙峡谷的
左侧，可以看到
峡谷中充满了碎
屑

—

右图：
查塞蒂周围的
景致。这条小路
连接着3000—
4000英尺高的
悬崖的顶部和底
部，经过漫长的
自然雕刻，这些
悬崖变成了高达
数百英尺的巨大
鸡冠花一样的尖
峰

在山口下面，我们被雾气完全湮没，这条小路通向一座砾岩峭壁之下，通过雾气可以勉强看到蓝色的天空，笼罩在雾气中的山峰在早晨的阳光下发出神圣的光芒，我们迷失在了自然的迷宫中。我们登上顶峰，发现天气晴朗时都松了一口气。在我们的脚下，查塞蒂山谷覆盖着一条白色的毯子，里面升起了一个梦幻般的被晨光照亮的红色山巅。我们站立在高山草地边缘，透过薄雾，看到了刚刚小心翼翼穿过的一道道石门。

从扎伊克噶出发，这条小径通向一个异常狭窄的岩石裂隙，我们必须从骡子身上取下鞍架才能通过。我们终于到了阿角沟小溪流的水源处，小溪的上游完全被石灰岩巨石和砾岩包围。阿角沟与卓尼的大峪沟相距30英里，阿角沟不如岷山西部的卡

左页图：
经过一层又一层
的石门，沿阿角
沟、大峪沟的溪
流走，可最终抵
达卓尼

右图：
这条小路通向一
座砾岩峭壁的脚
下，通过雾气可
以勉强看到蓝色
的天空，笼罩在
雾气中的山峰在
早晨的阳光下发
出神圣的光芒，
我们迷失在了自
然的迷宫中

车沟有趣。除了沿着大峪沟到达与洮河的交汇处，穿越较小的博峪沟也可以到达卓尼，从那里到卓尼只有 10 英里路。

尽管有时候会面临各种危险，但我将迭部之旅视为我此生最愉快的旅途，我将永远留恋这里。在善良的卓尼土司的帮助下，我们才能取得如此多的成果。实际上还有很多未圆之梦，因为迭部范围较广，我们不可能前往所有的峡谷和峭壁。我们在迭部只是经过，仅在多尔沟和阿夏沟口的最东南端到洋浦山山顶（海拔 12300 英尺）进行植物采集。这一区域是迭部和四川的边界。多尔沟尽头的洋浦山山脊上坐落着布哈村，几英里之后是迭部的最后一个村子，迭部人叫作"达益"，而卓尼人称之为"洋浦"。因为厚厚的积雪，我们穿行此处时费了九牛二

左页图：
考察中的洛克
—

右图：
洛克在洋浦山拍的照片，他在1927年的春天离开这片土地，感叹道："迭部，再也不属于我了！"

虎之力。

最后离开迭部的通道与其说是路，不如说是我们强行在积雪中筑路。出了这条路，我们就告别了卓尼，也告别了迭部。

洛克翻越洋浦山离开迭部后，一路颠沛流离，经松潘、茂县、都江堰到达成都。洛克安排他的助手们从陆路返回云南，他则前往重庆，再从重庆乘船沿长江到达上海。

洛克离开迭部的时候深感焦虑，他认为"迭部，再也不属于我了"。事实如他所料，他再也没有到过这里，但这里的壮丽景色连同寺庙里的舞蹈，却以文字和照片为载体，跨过山川大河，飘过浩瀚的太平洋，最终出现在其他国度。

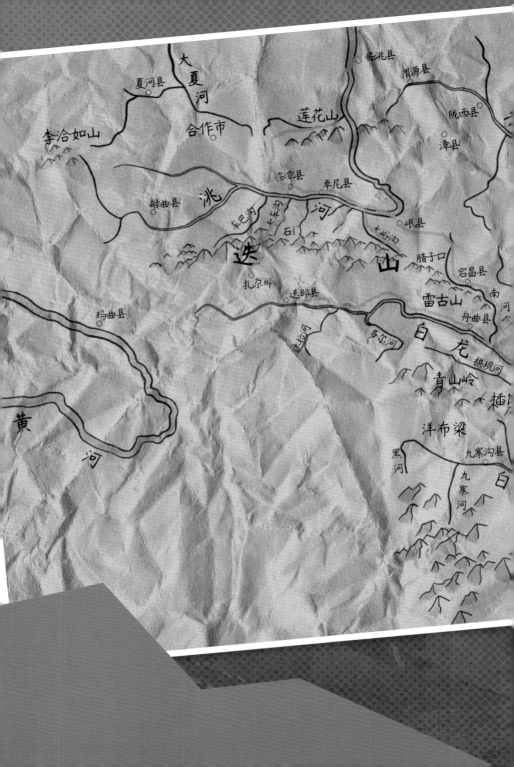

第8章

60年峰回路转

哈默尔与魏浩康的隔时空相遇

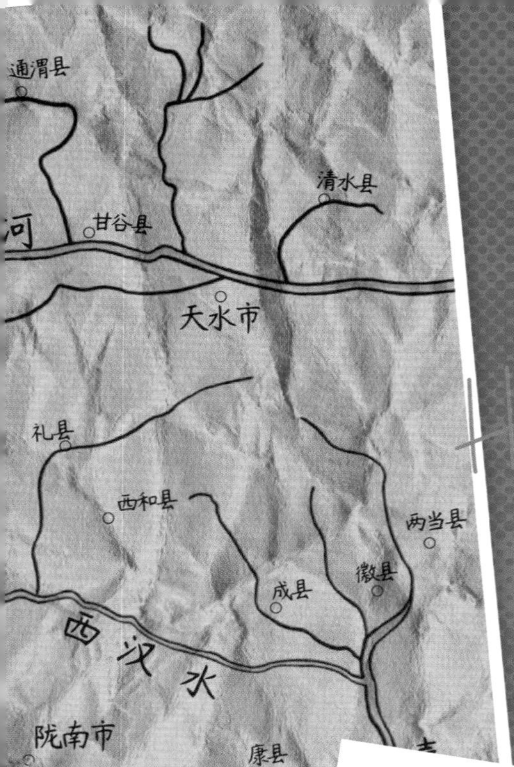
通渭县
清水县
河
甘谷县
天水市
礼县
西和县
两当县
徽县
成县
西汉水
陇南市
康县
江

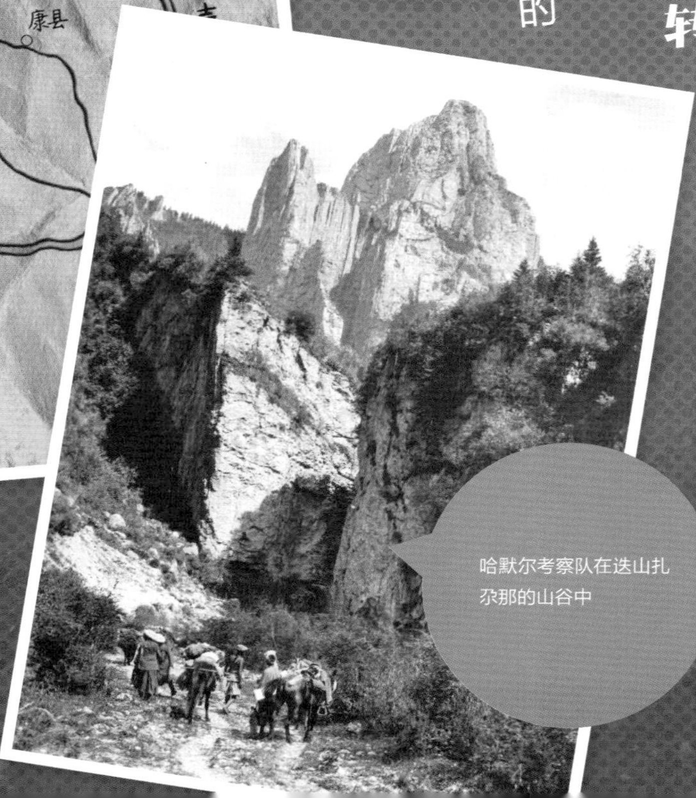

哈默尔考察队在迭山扎尕那的山谷中

　　1927 年 5 月 9 日，就是在洛克发电报给美国雇主萨金特报平安的第二天，由中国学术团体协会和斯文·赫定团队联合组成的中瑞西北科学考察团①浩浩荡荡地从北京出发，他们将对中国西北进行大规模的科学考察。

　　这是洛克最后一次联系雇主，但萨金特永远无法回复他的消息了。这位为植物学贡献了一生的老人已于 1927 年 3 月 22 日溘然长逝，彼时的洛克和助手们正在迭山的暴风雪中一边筑路一边向南前行。

　　风雪中的探险者安全地走出了大山，床榻上的老人却再也没有机会前往植物园。

　　瑞典人大卫·哈默尔（David Hummel）是此次考察活动的组织者斯文·赫定的医生。1930 年 3 月，在征得斯文·赫定的同意后，哈默尔带领团队对甘肃、青海一带进行了人类学和社会学科学考察。②当时就读于北京大学的我国植物学家郝景盛③也参加了此次科学考察。考察团的队员还包括一位德国翻译和两位中国学生。

　　考察队经过四川阆中，于 6 月抵达甘肃南部一带。7 月 3 日抵达岷州后，郝景盛与一位学生向北朝兰州进发，再向西到达青海湖，哈默尔与其他人继续在岷州以南的迭山一带考察。在卓尼，哈默尔遇到了瑞典籍美国传教士 Edwin Carlson（中文名孙守成）。孙守成带领哈默

---

①中瑞西北科学考察团一般指 1927 年中国学术团体协会与瑞典探险家斯文·赫定联合组成的西北科学考察团。考察团于 1927 年 5 月从北京出发，经包头、巴彦淖尔至阿拉善额济纳河流域，于 1928 年 2 月到达乌鲁木齐。考察活动直至 1935 年才结束。

②斯文·赫定著，徐十周译：《亚洲腹地探险八年》，乌鲁木齐：新疆人民出版社，1992 年。斯文·赫定原著名为 History of the Expedition in Asia, 1927—1935，国内译本为《亚洲腹地探险八年》。

③郝景盛（1903—1955），著名林学家、植物学家，我国最早系统研究杨柳科和裸子植物分类的学者，农林牧全面发展的早期规划人和开拓者。

帐篷里的哈默尔（左三）等人与斯文·赫定（右一）的合影

考察途中的郝景盛

尔从卡车沟翻过迭山石门来到扎尕那，在业日村族长的帮助下，他在一周时间内拍摄到了许多照片，留下了宝贵的影像资料。

在 E.H.M. 考克斯的《中国植物采集记》中，哈默尔是这样描述的：

　　这一带的岷山到处都是海拔超过 14000 英尺、闪耀着洁白积雪的石灰岩石峰。在山的南坡，云杉与杜鹃林覆盖着低处的山坡，再往上走是美丽的高山草甸。

10月，考察团又向东南前行，经过法瑞尔的大本营舟曲一带后原路返回北京。

瑞典皇家科学院斯文·赫定基金会负责人，瑞典国立博物馆亚洲分馆馆长 Hakan Wahlquist（中文名魏浩康）[1]对哈默尔此行的考察非常感兴趣，并注意到了哈默尔一行经过的与众不同的扎尕那，在好奇心的驱使下，他决定探访这个神秘又美丽的区域。

1991年，魏浩康追随着哈默尔的足迹来到迭山南坳的扎尕那村，他吃惊地发现，哈默尔当年拍摄的业日村族长阿当的女儿居然健在。魏浩康在村民的带领下见到了照片中的藏族姑娘，当年的少女已经饱经风霜，而族长女儿见到了60年前自己和父亲的照片后也热泪盈眶。

---

① Hakan Wahlquist（中文名魏浩康），瑞典人类学家，瑞典皇家科学院斯文·赫定基金会负责人。

左页图:
1930 年的扎尕
那村寨

左图:
哈默尔拍摄的扎
尕那族长阿当之
女充满青春活力

右图:
60 多年后,魏浩
康来到中国,当
年的少女已经饱
经风霜

　　谁都没有想到,一张小小的照片从中国的神秘之地辗转到了欧洲北部,多年之后,又有人回到了照片的拍摄地,见到了照片中的主人公。

　　1997 年,这位老朋友又一次到访了扎尕那。回到瑞典后,魏浩康继续关注着这片土地,他会不会再次来到这里呢?

有山如锯齿形眩耀，脉绵而东南，尽头莫见。山石若同于洮河源之山，即江差占哇番族之故乡也

尾声

后猎人时代

　　哈默尔离开后的第三年，徐近之[①]赴西北进行科学考察。徐近之从西安出发，沿着西兰公路经兰州、西宁到达青海湖，此时四川西部发生大地震，他从西宁开始，便沿着波塔宁的考察路线向松潘进发。

　　经过甘川交界处的郎木寺后，他选择继续向南前行，与波塔宁走了不同的线路。徐近之将此次旅行以《西宁松潘间之草地旅行》为题撰文，并发表在中国《地理学报》1934 年的创刊号上。他在文中描述了在郎木寺考察期间看到的景象：

　　　　东北二三百里外，有山如锯齿形眩耀，脉绵而东南，尽头莫见；山石若同于洮河源之山，即江差占哇番族之故乡也。其间仅有石门一处可通，形胜之

---

① 徐近之（1908—1982），中国历史气候研究的开创者，有"民国徐霞客"之称。徐近之考察游记满足了当时学界对西部的想象，其作品《西宁松潘间草地旅行》《西北旅行乐》《青海纪游》《岷江峡谷》等影响了一代学人。

徐近之来到郎木寺后，赞叹这里：其
间风景之优绝，分野之实情，自然习地
理者所当晓，此余往游蓄愿所自来也

至, 过之即入杨土司辖地云。

在其作品《岷江峡谷》中, 徐近之也不吝笔墨, 描述了迭山一带的风光:

> 古国地学后人, 曩尝以岷江为大江正源, 以今观之, 张冠李戴之讥, 固所难免。四川名称之由来, 正因岷江为四大川之一; 非然者, 命名标准, 自当迁就他途。坊间出版舆图, 以岷江导源岷山, 及至其处, 岷山之名, 藏番未有知者; 是知岷山者, 吾华胄相沿之名, 亦犹洮河之源, 吾人以为出乎西倾山, 亦非番名也。且嘉陵江西北支流之白龙江, 源头为三数小泊, 密迩岷江之源, 昭然揭于图上。幻想出之, 其间风景之优绝, 分野之实情, 自为习地理者所当晓, 此余往游蓄愿所自来也。

寥寥几笔, 徐近之不仅写出了在长江源头与岷江源头上的认知错误, 还印证了民国时期的地理学家已经知道了迭山一带的地貌极为特殊, 他们认为迭山将是地理研究和游览探险的绝佳区域。

迭山的风雪依旧。

是年, 红军开始长征。有一个叫范长江的记者成了《大公报》的撰稿人, 他主要研究抗日军事问题。

1935 年 7 月 14 日, 范长江以《大公报》特约通讯员的身份, 从四川出发开始了他的西北之旅。他经甘肃、青海、宁夏、陕西等地, 并将其旅行经历撰写成文章, 发表在报纸上, 这些文章成为当时国内了解西北的重要资料。后来, 这些文章收录于《中国的西北角》一书中。

范长江的西北之行始于成都，经绵阳、江油、平武，翻越大雪山到松潘，再跨过弓杠岭到九寨沟，翻越野猪关梁后进入甘肃。后翻越插岗岭到舟曲，经两河口沿甘肃岷江北上至宕昌。他精彩地记述了从九寨沟至野猪关梁、插岗岭至舟曲的所见所闻。他在《野猪关和茶岗岭》[①]一文中写道：

> 八月二日在南坪休息一日，更换马匹，略为补充行李等事。南坪为松潘分县，无城垣，仅有土堡。街市亦略具马路形，盖亦受四川"观瞻马路"之风气所影响。东顺白水江至甘肃文县，须过阴平寨，为邓艾入蜀时，以兵断姜维归路处。南坪往西北及绕东北，皆有路可通西固[②]。惟皆须过大山岭。南坪对外交通，主要者为甘肃地方，风俗习惯语言等，皆近甘肃，故有"南坪不像四川，碧口不像文县"之谚。碧口虽属文县管辖，其经济权尽在川商之手，住民亦大半为川人。

> 三日向甘肃之西固进发。同伴某君雇轿夫六名，皆系由县当局选拔而来。离南坪东北行十余里

---

①范长江在《中国的西北角》一书中作《野猪关和茶岗岭》。该文中均作"茶岗岭"，而非"插岗岭"。为尊重原文，此引文均作"茶岗岭"，文中其余处均作"插岗岭"。参见范长江著《中国的西北角》，北京：新华出版社，1980年，第33—37页。
②今甘肃舟曲县。

即入山，又几里至一村曰野猪关，已至山脚，再上即登山。山曰野猪关梁，上下山计有三十里，野猪关梁产野猪甚多，大者重五六百斤，常结队五六十为群，出山吃农作物，农民莫可如之何。因此等野猪过大，獠牙伸出口外尺余，较小之树，被其一撞即倒。如以枪击之，中二三枪毫无关系，但猎者如被其发现且被追到，则断难幸免。离野猪关庄上山，山路崎岖，马行艰难，至山中，有歧路，因无向导，任择一路走去，逾前进，路逾不明，惟在丛林深草中试探前进，辗转迂回，绕过几重崖峡地，竟达一绝壁处。前左右三面皆数十丈之石壁，草木亦不能生存其上，人决无法可登。但绝壁下却有人迹，记者初疑为盗匪聚会之处，后细审之，前面石壁有石缝一条，乃探身视之，竟有洞可通石崖上，单人可以爬行，徒步同伴乃相率由洞中上山，记者与骑马同伴不得已下山，改道再上。下山时，大雨如注，山路湿滑，记者跌倒数次，全身皆染污泥，如此一上一下，已费三四小时。至换路再上时，人马皆已疲惫，而此山上下三十里内无人烟，又不得不前进，行行重行行，腿酸脚软，马亦喘喘不愿续进。及过半山以上，只见雨在山下落，云从脚底生。再上经十里长之森林泥滑小道，始达山顶。时已午后二时，回首望南坪白水江，仍历历如在目下。过山后，路尤陡急，记者蜀人，尚惯行山路，北国同伴，遇此烂石陡急山路，其痛苦有不能形容者。黄昏始达山麓，约夜十时抵董上庄，遂投宿。

董上已为甘肃境，语言及生活习惯，皆不同四川。由此有一小河东流至阴平寨会白水江，再至文县，亦蜀汉时征战之场也。

甘肃境内的民众，比四川要柔驯得多。看到一个外面来的旅客，恭敬得了不得，开口大人闭口大人。最大的原因，是他们自己本身没有武力，只要一把马刀，就可以叫他们屈服。村庄里的房屋，很少见到充实的住满了人的，各个房子，也没有看到有整刷的气象。一般是没落萧条，因循苟且地过活。村庄的人口日益减少，房舍日益破坏，生活日益艰难。

四日，迷途同伴尚无消息，乃顺江东行二十里至中寨，打听消息，中寨再往东四十里为阴平寨，市集甚大。东北四省未失以前，甘肃党参销路甚好，其出产地区为岷县、西固、武都、文县一带。文县之碧口为收货总口，中寨以上之"蕃地"，出参亦不少。碧口商人多在中寨有分庄，收买药材。九一八以前，中寨市镇至为热闹，今则党参之大销场已失，且军事繁兴，运货为难，中寨原有之商号，相继撤销，所余数家，亦仅勉强维持，无交易可做，中寨市面亦因此一落不起。

午后知迷途同伴，已仍由大路过山。一行昨日爬过洞口后，继续向山峰爬去，穿过大森林，至全无人迹之大石峰下，始折回原路下山，住野猪关一宵，第二日始过野猪关梁。枉受一日辛苦，走的却是樵夫们砍柴的不通小路。是日夜宿董上西北五里黑格寨。

五日溯小溪北行，路中人见马队至，尽携粮食衣物等避山上。这一天风雨交加，未带雨衣的同伴全身濡湿，苦不自胜。行八十里宿地尔坎，此为一大藏庄，人已逃尽，粮食马料皆无处购买。这样的

野猪梁附近的森林与交通　摄影：刘江林

消极抵抗，已给我们无限的苦恼，总得受相当的损失，甚至造成重大牺牲，亦未可知。

地尔坎后，即为驰名川甘的茶岗岭。此岭上下七十里，七十里亦无人家。此山看去不如野猪关梁之雄奇，至山麓时所见，不过一中等高度之草山，以盘道上升，并无若何之艰险，待到山顶后，每个旅客皆顿改常态，望山兴叹，盖尚有一架更高山头横阻其前，"之"字形盘梁道，不知盘过多少次，始达山顶也。一盘、二盘、三盘，盘来盘去，盘去盘来，空马上山，有几匹马已"盘"得全身出汗，力鞭不前了。好容易，侥幸已到刚才所见的山顶。但真正的山顶，还在上面！我们最后终于走到了，每一个到了的人，只是摇头，没有什么话说，刚才轻视茶岗岭的，至此连它的名字也不提了。

下山尽在老大森林中行进，树类比弓杠岭复杂，朽木特多。老藤蜿蜒巨木上，远视之如巨蟒。山产细竹，竹干大如箸头，大雪山东坡亦产此，颇美观，适作篾器用。六日晚宿半山藏庄茶岗寨。人亦逃尽，食粮几不能解决，所能侥幸解决者不过山芋杂粮面而已。

七日续进，过一集镇为哈尔河镇，再行，略上坡，即下二三十余里之甘乍梁，人马皆困，乃宿梁下毛儿坪。此地为汉人村庄，语言可通，有菜蔬食粮可买，如入天堂，同伴愁容皆解，约行七十里。

自毛儿坪东出，行数里，出一峭壁组成之峻峡，地势渐平，十里至南于寨，地突见平川。盖此为白龙江之正干，两岸有若干冲积地，故农地较多，青绿宜人也。

南于寨有木桥（如邓邓桥然）跨白龙江，过桥逆行二十里为西固县城，城虽甚小，但记者离松潘以后，此为第一城。刚抵城，适某君自吊坝

插岗岭一带的山色。范长江经过此山后感慨：刚才轻视插岗岭的，至此连它的名字也不提了
摄影：刘江林

过青山梁来。记者惊问之，据云，伊系在草坝（吊坝北）寻得一汉人樵夫做向导，此樵夫此生亦只走过两次青山梁，除他之外，皆在近十年中无有走过此路者。山之西面，青山梁以森林密懋而得名，山中无明显道路，只沿水溪行，水发蒸气，不易辨路，须以手电烛之，且歧路最多。最难者，即上极顶之后，须爬行二三十里之绝壁断崖，旧有人牲路已被破坏，今全须攀木附藤而过，山下亦无路，全系吊坠而下。他们天刚明入山，天黑尽，始行出山。山中时闻怪兽狂鸣，常发巨声。记者本欲与之谈茶岗岭，今闻青山梁情形，不啻小巫之见大巫矣！

文县与舟曲县之间一座连着一座的山岭

　　范长江于 1935 年 8 月 3 日入甘，8 月 20 日抵达卓尼，并拜会了卓尼土司杨积庆。

　　20 天后，毛泽东领导的中央红军通过达拉沟进入迭部的白水江一带。我们无法得知范长江跟杨土司交流的细节，但范长江后来记述了发生的故事。红军出川入甘后，在白龙江边上的崔谷仓补给了物资，并迅速整顿军队。这为长征队伍在腊子口顺利突围奠定了基础。

毛泽东看到"迭山横雪"景象后心潮澎湃，到岷县后创作了《七律·长征》，其"更喜岷山千里雪"中的"岷山"就是这幅图中远方的迭山

红军穿过腊子口后，翻过大拉梁前往岷县。在大拉梁的垭口上，毛泽东看到位于其西侧的"迭山横雪"的景象后心潮澎湃，到达岷县后便创作了《七律·长征》，其"更喜岷山千里雪"中的"岷山"就是他看到的迭山。这首诗将迭山又一次载入了史册。

七律·长征

红军不怕远征难，万水千山只等闲。

五岭逶迤腾细浪，乌蒙磅礴走泥丸。

金沙水拍云崖暖，大渡桥横铁索寒。

更喜岷山千里雪，三军过后尽开颜。

战争的狼烟继续在中国大地上肆虐，东北和华东的城市相继失陷，中国战略纵深向西迁移已成了必由之路。

这一年，顾颉刚前往西北考察。在 1937 年和 1939 年的两个半年中，顾颉刚从兰州出发，辗转于河、湟、洮、渭诸流域之间，马不停蹄地考察了临洮、西宁、渭源、康乐、陇西、漳县、岷县、临潭、卓尼、合作、夏河、临夏、和政及定西等地。

1939 年，顾颉刚到达卓尼时，土司杨积庆已在"博峪事变"中被迫害，顾颉刚拜见了土司夫人，并考察了卓尼和临潭的教育状况。1939 年 6 月 15 日，他游览了临潭的八龙山。举目朝南望去，迭山雪峰出现在了眼前，他在感慨之余吟诗一首：

雪压南山是叠州，石门金锁望中收。

白云锁住石门里，添得雪山几个丘。

1941 年，李旭旦[①]、任美锷[②]和郝景盛前往西北进行科学考察，其中由郝景盛和任美锷组成的小分队从卓尼向南进入迭山各山谷，进行森林农垦考察。

李旭旦在《西北科学考察纪略》中写道：

> （卓尼）城南外洮河边植柳成荫，旁建柳林小
> 学一所，其地平草如茵，风景佳绝，有英国公园风
> 光。若国家于此卓尼附近洮河两岸划区建立一国家
> 公园，用以保护森林禽兽，国内人士来此，避暑赏
> 景，并得一展卓尼之生活及文化，当不次于美国西
> 部诸大国家公园之名胜也。

这是中国学人在国内建立国家公园的最早构想。

2021 年 10 月 12 日，在昆明召开的联合国《生物多样性公约》第十五次缔约方大会上，中国正式公布了首批五个国家公园。

中国国家公园的首次建立距离先辈提出的构想已经过去了 80 年，但首批五个国家公园中的大熊猫国家公园就在迭山之南的白水江边，距离迭山仅数十公里。

李旭旦还在文章中论述了白龙江是中国南北方的分界线，而这个地方，正好就是迭山所在的区域：

①李旭旦（1911—1985），人文地理学家。历任南京大学、南京师范学院、南京师范大学地理系主任，《中国国家地理》杂志前身《地理知识》首任主编。
②任美锷（1913—2008），地貌学家、海洋地质学家，自然地理学与海岸科学家，南京大学教授，中国科学院院士。

位于甘肃、四川交界处的青山梁，异常险峻
摄影：刘江林

李旭旦在《西北科学考察纪略》如此赞美卓尼：“卓尼城南外地平如茵，风景佳绝，有英国公园风光。若国家于此卓尼附近洮河两岸划区建立一国家公园，用以保护森林禽兽，国内人士来此，避暑赏景，并得一展卓尼之生活及文化，当不次于美国西部诸大国家公园之名胜也。”

　　余等自碧口至武都沿途所见地理景观之变迁，印象最深，为自然色调之自翠绿转褐黄，林木之渐趋稀少，黄土山之发现，山间牧群之增多，房屋形式之改观与结构之变迁，人民生活习惯之转变，语言之改易等，益证南北过渡之事实。

　　迭山分割了黄河流域和长江流域，跨越了两个国家级森林步道——秦岭国家森林步道和横断山国家森林步道，孕育了两个国家级公园——大峪沟国家森林公园与扎尕那国家地质公园。2017年11月，"甘肃迭部扎尕那农林牧复合系统"入选联合国粮食及农业组织（FAO）认定的全球重要农业文化遗产（Globally Important Agricultural Heritage Systems）保护名录。

　　传奇将被不断地延续，历史也将被不停地书写，未来也必将有更多的人深入这片土地……

地名对照表

波塔宁

Lang-chau　甘肃省兰州市
Ming-chau　岷州　甘肃省岷县
Si-ning　青海省西宁市
Gui-dui　青海省贵德县
Sung-pang-ting　松潘厅　四川省松潘县

金顿·沃德

Min-chou　岷州　甘肃省岷县
Choni /Chone　甘肃省卓尼县
Tow-chou　洮州　甘肃省临潭县
Sung-pan　四川省松潘县
Tepo　甘肃省迭部县
Pei-ling　北岭　今迭山
Pa-shui-ho　白水河　白龙江
Pi-kow　碧口镇

华莱士

Choni　甘肃省卓尼县
Taochow　洮州　甘肃省临潭县
Min-shan　岷山　今迭山
Archuen　阿角村　甘肃省卓尼县村镇

T'e-pu　甘肃省迭部县

Minchow　岷州　甘肃省岷县

Poa-yu-kou　博峪沟　迭山山谷

Lian-hwa Shan　莲花山　甘肃省临潭县山脉

Mei-wu　美武　甘肃省合作市郊村庄

法瑞尔

Tsin Chow　秦州　甘肃省天水市

His Ho Hsien　甘肃省西和县

Kiai Chow/Chieh Jo　阶州　甘肃省陇南市

Wen Hsien　甘肃省文县

Dung-lu Hor　中路河

Ti Erh K'an　地尔坎 甘肃省文县村落

Chago Ling　插岗岭　文县与舟曲县交界山脉

Sha-Tan yu / Satanee

沙滩村　甘肃省舟曲县村落

Da-hai-go　大海沟　舟曲县村落

Thunder Crown　擂鼓山

Satani Hor　拱坝河

Siku Hsien　西固县　甘肃省舟曲县

Tan Chang　甘肃省宕昌县

Ka-ta-pu　哈达铺　甘肃省宕昌县集镇

Min Chow　岷州　甘肃省岷县

Cho-n　甘肃省卓尼县

Bao-u-go　博峪沟

Mirgo Valley　木耳沟

Nan hor　南河　甘肃境内的岷江

Archueh / Ardjeri　阿角村　甘肃省卓尼县村落

Ti Tao　狄道　甘肃省临洮县

Lanzhou-Fu　甘肃省兰州市

Matterhorn　马特洪峰　阿尔卑斯山著名山峰

Cimon della Pala

西蒙德拉帕拉峰　多洛米蒂山的著名山峰之一

Min S'an　岷山　今迭山

台克曼

Lich'uan　理川　甘肃省宕昌县村镇

T'ao river　洮河

Kansu　甘肃省

T'ao chou　洮州　甘肃省临潭县

Choni　甘肃省卓尼县

Min Shan　岷山　今迭山

Ch'inling Shan　秦岭

Titao　狄道　今甘肃省临洮县

Lanchou Fu　甘肃省兰州

佩雷拉

Sung-pan　四川省松潘县

Changla　漳腊　四川省集镇

Kung-kang Ling　弓杠岭　岷山山峰

Nan-p'ing　南坪　今四川省九寨沟县

Yang-pu Shan　洋浦山　甘肃与四川的界山

Pai-ku-ssu　白古寺

Tu-erh-kou　多尔沟

Hsia T'ich-po　下迭部

Ta-la Ho　达拉河

Minchou　岷州　今甘肃省岷县

Choni　甘肃省卓尼县

320

T'ao Ho　洮河

T'ao-chow　甘肃省临潭县

Lien-hua Shan　莲花山

Ti-tao　狄道　今甘肃省临洮县

国家地理学会联合考察团

A Chuan/ Archuen/ A-E-Nar
阿角　卓尼县山谷

Ch'ia Ch'ing Kou　卡车沟　迭山山谷

Cho Ni　甘肃省卓尼县

His Ning　青海省西宁市

Kokonor　青海

Lien Hua Shan　莲花山　甘肃省临潭县景区

Ma Li Sung Tu　马日松多　光盖山附近峡谷

Min Shan　岷山　今迭山

Min Chou Hsien　岷州　今甘肃省岷县

Ti Tao Hsien　狄道县　今甘肃省临洮县

Tu I Kou　杜一沟　甘肃省卓尼县大峪沟

Shih Men　扎尕那石门

Sung P'an　四川省松潘县

T'ao Chou Chiu Ch'eng
洮州旧城　甘肃省临潭县

T'ao Ho　洮河

洛克

Szechwan　四川

Yangpu Shan　洋浦山　甘肃与四川界山

Yangpu　杨布村　今甘肃省迭部县达益村

渭源县
通渭县
甘谷县
清水县
陇西县
漳县
岷县
腊子口
天水市
礼县
西和县
西
徽县
宕昌县
雷古山
舟曲县
南河
白龙江
�坝河
青山岭
插岗梁
洋布梁
九寨沟县
中路河
陇南市
嘉
文县
九寨河
白水江
陵
江

Te'po/ The-wu　甘肃省迭部县
Cho-ni　甘肃省卓尼县
Kuang Chang 巩昌　今甘肃省陇西县
Dakhe La　达拉河
Hei Ho/Black River　黑河　白水江上游河流
Pei Ho　白河　白水江上游河流
Peishui Kiang/White water/Peilung Kiang/
Hsiku Ho/ Wutu Ho/ Heishui Ho/ Black Water
白水江 / 黑水河 / 西固河 / 武都河　今白龙江
Wenhsien Ho　文县河　今白水江
Hsiku　西固　今甘肃省舟曲县
Kialing　嘉陵江
Min Shan　岷山　今迭山
Drakana　扎尕那　甘肃省迭部县村落
Kwangke　光盖山　迭山山峰
Lienhwa Shan　莲花山　甘肃省临潭县山峰
Kadja valley　卡车沟　迭山山谷
Chaba Ku　车巴沟　迭山山谷
Tayu Ku　大峪沟　迭山山谷
Adjuan　阿角沟　迭山山谷
Po-yu kou　博峪沟　迭山山谷
Yi-wa kou　益哇沟　迭山山谷
Chi-lieh　扎列　四川省村镇
Tsarekika　扎伊克噶　迭山山隘
Hsiao Ku　小沟　迭山山谷
Ch'i-pu kou　旗布沟　迭山山谷

植物名称对照表

Cathcartia integrifolia/Meconopsis integrifolia　全缘叶绿绒蒿

Ilex corallina　红果冬青

Leontopodium sp.　火绒草属

Welcome Primula/Primula gemmifera　苞芽粉报春

Purdom's primula/Primula alsophila　蔓茎报春

Primula purdomii　紫罗兰报春

Primula nivalis　雪山报春

Primula woodwardii　岷山报春

Red Hyacinth/Primula maximowiczii　胭脂花

Nivalids/Primula melanops　粉葶报春

Primula citrina/Primula flava　黄花粉叶报春

Primula tangutica　甘青报春

Primula viola-grandis/Omphalogramma vinciflorum　独花报春

Oread Primula/Primula optata　心愿报春

Citron Primrose/Primula aerinantha　裂瓣穗状报春

Primula orbicularis　圆瓣黄花报春

Primula stenocalyx　狭萼报春

Paraquilegia microphylla　拟耧斗菜

Salvias/Salvia japonica　鼠尾草

Spiraeas/Spiraea sp.　绣线菊属

Potentillas/Potentilla sp.　委陵菜属

Saxifrages/Saxifraga stolonifera　虎耳草

Androsace L.　点地梅属

Bluebell garlic/Allium cyaneum　天蓝韭

Unique eye/Lonely Poppy/Meconopsis psilonomma
名称已修订为 Meconopsis henrici　无葶川西绿绒蒿

Dainty Poppy/Meconopsis lepida　擂鼓山绿绒蒿

名称已修订为 *Meconopsis lancifolia* 长叶绿绒蒿

Meconopisis quintuplinervia 五脉绿绒蒿

Celestial Poppy/*Meconopsis prattii* 草甸绿绒蒿

Blood Poppy/*Meconopsis punicea* 红花绿绒蒿

Androsace chammjasme 矮点地梅

Speedwell/*Veronica didyma* 婆婆纳

Chickweed/*Stellaria media* (L.) 繁缕

Geranium/*Geranium* sp. 老鹳草属

Junipers/*Juniperus rigida* 圆柏

Potentilla arnbigua 名称已修订为 *Potentilla cuneata* 楔叶委陵菜

Little bear Aster/*Aster kansuensi* 名称已修订为 *Aster flaccidus* 萎软紫菀

Aster souliei 缘毛紫菀

Aster farreri 狭苞紫菀

Corydalis DC. 紫堇属

Delphinium/*Delphinium* L. 翠雀属

Larkspur/*Consolida* DC. 飞燕草属

Arenarias /*Arenaria* Linn. 无心菜属

Delphinium sparsiflorum 疏花翠雀花

Gentian/ *Gentiana* (Tourn.) L. 龙胆属

Alder /*Alnus japonica* 赤杨

Willow/ *Salix* L. 柳属

Rhododendron L. 杜鹃花属

Strawberry/ *Fragaria* L. 草莓属

Rhododendron rufum 黄毛杜鹃

Rhodiola macrocarpa 大果红景天

Fritillaria przewalskii 甘肃贝母

Eremogone kansuensis 甘肃雪灵芝

Gentiana dahurica 达乌里秦艽

Cremanthodium Benth 垂头菊属

Saxifraga stolonifera 虎耳草

Gentiana aristate 刺芒龙胆

Geranium pylzowianum 甘青老鹳草

Trollius farreri 矮金莲花

Adenophora potaninii 泡沙参

Ligularia virgaurea 黄帚橐吾

Ligularia sagitta 箭叶橐吾

Convolvulus tragacanthoides 刺旋花

Androsace mucronifolia 已更名为 *Androsace yargongensis* 雅江点地梅

Cypripedium luteum 已更名为 *Cypripedium flavum* 黄花杓兰

Gentiana hexaphylla 六叶龙胆

Androsace chammjasme 矮点地梅

Lloydia alpina 已更名为 *Gagea serotina* 小洼瓣花

Caragana jubata 鬼箭锦鸡儿

Larix potanini 红衫

Polygonum L. 蓼属

Aconitum L. 乌头属

Parnassia L. 梅花草属

Potentilla L. 委陵菜属

Astragalus Linn. 黄耆属

Pedicularis L. 马先蒿属

Anaphalis DC. 香青属

Crepis L. 还阳参属

Saussurea DC. 风毛菊属

Pinus tabuliformis 油松

Juniperus tibetica 大果圆柏

物种鉴定信息参考

世界植物志: http://www.efloras.org
邱园: https://www.kew.org
爱丁堡皇家植物园: https://www.rbge.org.uk/
植物探索: https://www.plantexplorers.com
植物科学数据中心: https://www.plantplus.cn/cn
中国植物物种名录: https://www.cvh.ac.cn
中国植物图像库: http://ppbc.iplant.cn

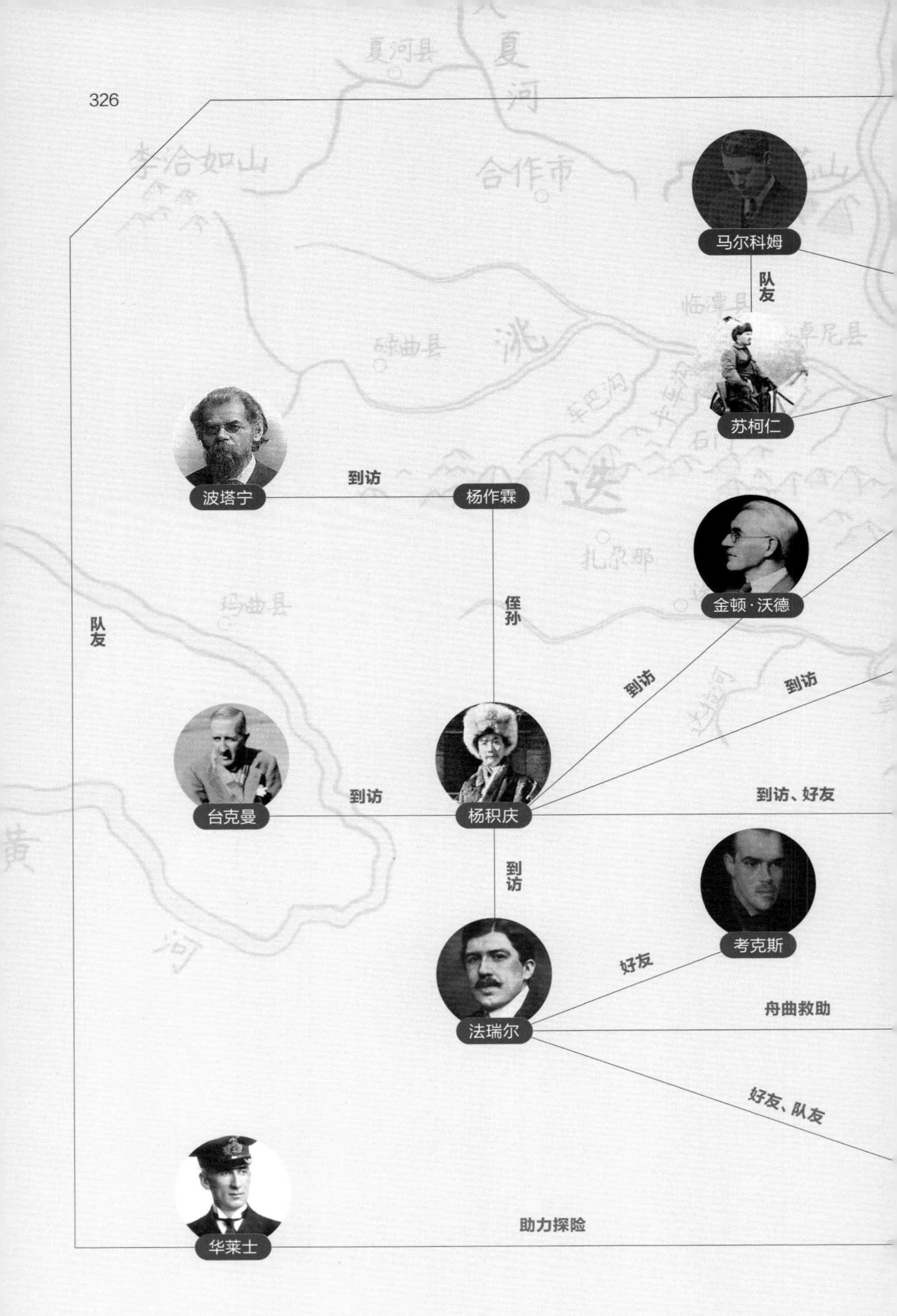

马尔科姆
队友
苏柯仁
波塔宁
到访
杨作霖
侄孙
金顿·沃德
到访
到访
台克曼
到访
杨积庆
到访、好友
到访
考克斯
好友
法瑞尔
舟曲救助
好友、队友
队友
华莱士
助力探险
夏河县
合作市
临潭县
卓尼县
碌曲县
扎尕那
玛曲县

斯密斯

队友
教友
队友

教友

佩雷拉

阿尼玛卿山

介绍

国家地理学会

雇员

福里斯特

秦仁昌

雇员

雇员

维奇苗圃公司

雇员

洛克

雇员

阿诺德植物园

雇员

威尔逊

雇员

迈耶

雇员

美国农业部

波尔登

雇员

中文文献

[1]《今水经》，湖北崇文书局，清光绪三年。

[2]《河源纪略》，北平故宫博物院图书馆，民国二十年。

[3]《禹贡集解》，上海：商务印刷馆，1957 年。

[4]《江源辨》，载《清人文集地理汇编》，杭州：浙江人民出版社，1988 年。

[5]《读史方舆纪要》，上海：上海书店，1998 年。

[6]《水经注》，杭州：浙江古籍出版社，2001 年。

[7]《广舆图》，上海：上海古籍出版社，2002 年。

[8]《山海经》，北京：华夏出版社，2005 年。

[9]《溯江纪源》，载《徐霞客游记》，武汉：崇文书局，2014 年。

[10] 徐近之著：《岷江峡谷》，《地理学报》，1934 年。

[11] 范长江著：《中国的西北角》，北京：新华出版社，1980 年。

[12] 斯文·赫定著，徐十周译：《亚洲腹地探险八年》，乌鲁木齐：新疆人民出版社，1992 年。

[13] 岷县志编纂委员会编：《岷县志》，兰州：甘肃人民出版社，1993 年。

[14] 甘肃省舟曲县地方史志历届编纂委员会编：《舟曲县志》，北京：方志出版社，1996 年。

[15] 宗喀·漾正冈布著：《卓尼生态文化》，兰州：甘肃民族出版社，2007 年。

[16] 斯蒂芬妮·萨顿著，李若虹译：《约瑟夫·F·洛克传》，上海：上海辞书出版社，2013 年。

[17] 李旭旦：《白龙江中游人生地理观察》，《地理学报》第 8 卷，1941 年。

[18] 任美锷：《甘南川北之地形与人生》，《地理学报》第 9 卷，1942 年。

[19] 郝景盛：《甘肃西南之森林》，《地理学报》第 9 卷，1942 年。

[20] 张松荫：《甘肃西南之畜牧》，《地理学报》第 9 卷，1942 年。

外文文献

[1] Grigorij Nikolaevich Potanin,*Potanin's Journey in North-Western China and Eastern Tibet*,Proceedings of the Royal Geographical Society and Monthly Record of Geography,1887.

[2] William Carey,*Travel and Adventure in Tibet*,London:Hodder and Stoughton,1902.

[3] Karl Josef X Futterer,*Geographical Sketches of Northeastern Tibet Explanations*,Gotha:Justus Perthes,1903.

[4] F.Kington Ward,*On the Road to Tibet*,Shanghai:Shanghai Mercury.Ltd.,1910.

[5] Robert Sterling Clark and Arthur de C.Sowerby,*Through Shenkan:the Accounts of the Clark Expedition in North China1908–9.1912,*London:T.Fisher Unwin,1912.

[6] Henri d'Ollone,*In Forbidden China:the d'Ollone Mission 1906–1909,ChinaMongolia–Tibet,*London:T.Fisher Unwin,1912.

[7] Thomas O,*The Duke of Bedford's Zoological Exploration of Eastern Asia.–XV.On mammals from the provinces of Sze–chwan and Yunnan,Western China,*Proceedings of the Zoological Society of London,1912.

[8] Harold Frank Wallace,*The Big Game of Central and Western China,*London:J. Murray,1913.

[9] Reginald Farrer,*The Kansu Marches of Tibet,*Geographical Journal Asia part,Vol 49,1917.

[10] Sir Eric Teichman,*Travels of a Consular Officer in North–West China,*London:Cambridge University Press,1921.

[11] Francis Younghusband,*Peking to Lhasa,The Narrative of Journeys in the Chinese Empire,*London: Constable,1925.

[12] Reginal Farrer,*On the Eaves of the World,*London:Edward Arnold and Co.,1926.

[13] Joseph F.Rock,*The land of the Tebbus,The Geographical Journal,*Vol.81,No.2,1933.

[14] Egbear H.Walker,*Plants collected by R.C.Ching in Southern Mongolia and Kansu Province,China,*Contributions from the national herbarium,1941.

[15] Sven Hedin,*History of the Expedition in Asia,1927–1935,*Molndal: Elanders boktryckeri aktiebolag,1943.

[16] Euan Hillhouse Methven Cox,*Plant–hunting in China,*London:Collins,1945.

[17] Frank N. Meyer,*Plant Hunter in Asia,*Iowa,U.S.A.:Iowa State University Press,1984.

[18] Toshio Yoshida,and Hang sun:*Revision of Meconopsis Section Forrestianae (Papaveraceae),*Harvard papers in botany,Vol.24,no.2,December 2019.

[19] Francois Gordon,*Will Purdom:Agitator, Plant–hunter Forester,*Edinburgh:Royal Botanic Garden Edinburgh,2021.

90 年后的扎尕那山谷

后记

2005年5月3日，一群骑着自行车的年轻人来到了甘川交界的郎木寺。

皑皑的雪山、广袤的草原、古朴的寺庙、纳摩峡谷里奔腾而出的白龙江和熙熙攘攘的外国旅行者们，都深深地吸引了这群年轻人，外国人究竟是怎么找到这个如此偏远的地方的？这个奇怪的问题困扰着这群年轻人。我作为此次活动的组织者，愈发地想知道答案。

我们在返程时住在了合作市的一家招待所，遇到了来自迭部县山峦深处的冷不次力。他是一位热爱家乡的藏族同胞，为我讲述了家乡宏伟的山脉和广袤的森林，还有巨大的"石门"。这个远在甘川边界且不知地名的区域犹如一颗种子埋在了我的心间，我无比想去那里，想看雄伟的山峰、巨大的石门、广袤的森林、大片的草原和高山上盛开的花卉。

此后，我经常会对着这一带的地图册发呆。在地图册上，卓尼县以南和迭部县以北的一片区域几乎没有标注任何村镇的名字，像一片无人区。这里不是沙漠戈壁，怎么可能没有村镇？

后来，书桌上的地图册换成了标有海拔高度的地形图。仔细观察这片区域，会发现这里有一道白色的山体，它与位于南边蝴蝶形状的岷山在绿色的地形图中格外引人注意。

九寨沟景区在岷山北坡的山谷中，黄龙景区在岷山以南的山谷中，这两个景区直线距离相隔不超过 30 公里，且都成功被纳入"世界自然遗产名录"。这种现象在世界范围内是极为罕见的，同时也说明了此区域具有独特的地质构造与壮丽的自然风光。冷不次力的家乡就在这片山域之中，现在已经是个热门的旅游地了，这个地方叫作扎尕那。

一次偶然的机会，我在英文资料里找到了关于这片山脉的描述。原来在百年之前，这里是世界地理探险与发现的热点区域，壮美的风光、热情好客的土司都被记录在了探险笔记里。在多姿多彩的信息时代，发现并挖掘这些小众又有趣的历史资料是令人兴奋的，我萌发了把这片神秘区域和百年前深入迭山的博物学家的笔记介绍给众人的想法。随后，我开始搜集相关资料，陆续翻译了一些文章，时常前往这片区域，朝拜这令人向往的山峦。

这些影像与文字记录了迭山及周边地区的概况，也记录了这片区域经历过的磨难。民国时期的植物学家郝景盛在《甘肃西南之森林》中记述了森林毁坏情况，并有"昔日之森林安在"的痛惜之问。1966 年，白龙江林业管理局成立，这片森林得到了短暂保护；1988年，经过白龙江林业管理局的努力，这片森林完全被保护。从此，迭山开始重新焕发生机。迭山所在的甘南，地处青藏高原东北边缘与黄土高原西部过渡地段，被称为"青藏高原的窗口"。近年来，甘南不断加大生态治理修复力度，甘南的森林覆盖率和草原植被覆盖度逐年提高，水源涵养能力明显增强，甘南黄河上游国家生态安全屏障功能得到进一步巩固。迭山及周边区域作为黄河、长江的水源涵养区和补给区，其生态主体功能愈发突显。山越来越青，水越来越绿，这片区域越来越有生机。位于迭山南北两侧的扎尕那和大峪沟已开发为著名的旅游区，其实开发成旅游区不是目的，怎样把这座绿色宝库保护好、利用好，怎么让众人了解这里的历史文化、探索栖息在这里的花卉和鸟兽，才是迭山留给我们的真正任务。

感谢复旦大学葛剑雄老师对此书的关注和支持，感谢中国科学院植物研究所马克平老师为本书作序，感谢北京大学哲学系刘华杰老师，兰州大学萃英特聘教授、教育部长江学者勾晓华老师，《户外探险》执行主编玄天老师的文字推介，感谢兰州大学生命科学学院冯虎元老师、甘肃农业大学杜维波博士、中国科学院植物研究所李波卡博士在物种鉴定方面的建议；感谢中国科学院昆明植物研究所孙航老师提供的图片；

感谢第二次青藏高原综合科学考察研究项目的资助；感谢李帅先生的帮助和关怀，我们曾因考证了一个小寺庙的位置而激动不已；感谢吴疆先生、花间先生、雍措、格桑、扎扎、秦同辉、李云翔、王智炜、张超龙、杜卓昇及插岗保护区的刘江林老师提供的众多的精美图片。感谢读者出版社社长王先孟先生的悉心指导和真心支持，感谢杨楠老师的贴心设计与王宇娇老师的精心编辑，让本书更好地呈现在读者面前。感谢好友万学数、吕和旭、王守超、王生晖、马德民、袁玮、魏立娴与王月菊的帮助，感谢陈晓斌老师、刘铁程老师提供资料并校正文字，感谢迭山研究所（我的微信公众号）的粉丝们的鼓励与支持，尤其是潘宇强与毅仁的资料支持。感谢爱丁堡皇家植物园的Leonie女士与《波尔登传》的作者Francois Gordon，为我提供了关于法瑞尔和波尔登的资料。

感谢父母养育了我，感谢爱人的相伴。从开始写作起，我的孩子闫少语和闫语韬就对这本书十分好奇。现在终于可以和孩子们"交稿"了，希望我的孩子们能勇敢地走出属于自己的天地！"横空出世，莽昆仑，阅尽人间春色。"本书至此完结，我感触颇深。我虽竭尽全力搜集、翻译、整理资料，但本书仍有不完善之处，恳请各位老师、各位读者批评指正！

2023 年 7 月于兰州